# LE QUESTIONNEUR,

## OPUSCULE

## SUR LES ABEILLES,

TIRÉ DE LA PRATIQUE ET DE LA LECTURE DES MEILLEURS AUTEURS,

où l'on enseigne la récolte de la Cire au printemps, etc., etc.

A L'USAGE SPECIAL DE L'HABITANT DE LA CAMPAGNE,

DE LA LORRAINE, DE L'ALSACE, DE LA FRANCHE-COMTÉ, DU DUCHÉ DE LUXEMBOURG ET DU GRAND DUCHÉ DU RHIN.

> Quoiqu'il arrive à nos Abeilles, l'homme d'état doit toujours savoir gré à celui qui veut faire le bien !............

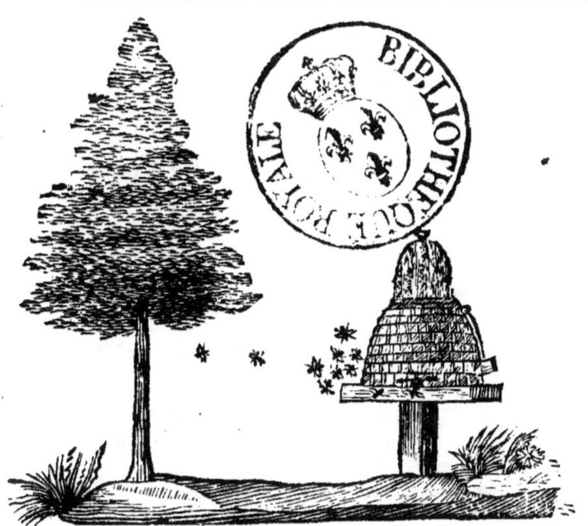

L'air, la propreté, la nourriture à temps ;
voilà le grand secret !......

A NANCY, CHEZ HÆNER, IMPRIMEUR.

1825.

## *A Messieurs de la Société centrale d'Agriculture de Nancy.*

### Messieurs,

J'ai fait ce petit ouvrage spécialement pour ma province, pour l'Alsace, la Franche-Comté, le pays de Luxembourg, et le grand-duché du Rhin.

Je suis fâché de le dire, mais il faut être vrai : on cultive indignement les abeilles dans ces pays ; souvent le mode en est barbare, par ignorance.

M. Féburier dit que les trois quarts de ceux qui se mêlent des abeilles les cultivent mal. Moi, je dis : s'il y en a un sur vingt qui s'y entende bien, c'est beaucoup.

J'ai donc cherché, Messieurs, à donner la connaissance des meilleures ruches, et d'un bon mode de culture. Je l'ai puisée dans quelques années d'expérience, d'un travail soutenu, et dans les meilleurs auteurs.

Je crois bien certainement, Messieurs, être utile au public ainsi qu'à ce noble insecte que l'on traite si mal. Oui, la mauvaise manière de le gouverner en détruit plus que tous les autres accidens réunis. Espérons que le gouvernement d'un des meilleurs rois que la France aura eu, nous aidera à propager cette culture qui est très-intéressante. Nous citerons à l'appui de cet espoir la conduite de trois souverains.

« LL. MM. II. et RR. (Joseph II et l'impératrice), au milieu des occupations les plus étendues et les plus épineuses, pleinement persuadées de son importance ( la culture des abeilles ), ont formé des établissemens, en y ajoutant de fortes récompenses, pour encourager la multiplication de ces insectes utiles dans leurs pays héréditaires.

Il s'est érigé de plus une Académie savante dans le Petit–Bautzen, canton de la Haute Lusace, sous le nom de *Société des Abeilles*, et sous les auspices de S. A. S. l'électeur de Saxe. Elle est composée déjà, depuis peu d'années, de quelques observateurs, et d'un grand nombre d'amateurs des deux sexes et de tous les ordres de l'état qui s'appliquent à cet objet de l'économie rurale.

Aussi, Messieurs, de cette société nous est venue, par Schirach, la belle découverte que d'un ver qui aurait donné une ouvrière, peut sortir une reine!....

Une institution de la même espèce, sur le modèle de celle de Saxe, et sous le titre de *Société économique*, se trouve établie à Lauter dans le Palatinat, et S. A. S. l'électeur palatin, protecteur très—renommé parmi les souverains de tout ce qui, relativement aux sciences, peut intéresser le genre humain, n'a pas manqué de l'autoriser immédiatement par lettres-patentes. »

( *Extrait d'un discours académique de l'abbé Needham, membre de l'académie de Bruxelles*, décembre 1777. )

Ceci, Messieurs, n'a pas besoin de commentaire, il n'a besoin que d'être imité....

Oui, Messieurs, cultivons l'abeille ; outre le profit que cette culture peut rapporter, l'agriculture y gagnera encore. Nous y trouvons des leçons. Pas d'animal plus laborieux, plus économe, plus propre : rien ne montre plus l'union et l'ordre que l'intérieur d'une ruche. Si les abeilles connaissent l'économie, elles ne connaissent pas la parcimonie ; les magasins sont ouverts, et il n'y a pas de gaspillage.

Quel attachement pour le chef !...... Des abeilles sans reines, ce n'est plus que misère, langueur, mort ! La reine vit encore bien moins seule, que des abeilles sans reines. Jamais une reine que j'ai enfermée sans mouches avec des vivres, n'a passé le quatrième jour.

Vous savez, Messieurs, que le miel est sain, nourrissant, fortifiant ; il est donc aussi utile qu'agréable. *Cultivons les abeilles.*

*Je suis avec le respect dû au talent,*

Messieurs,

*Votre très-humble et très-obéissant serviteur,*

DE MIRBECK,

Capitaine-garde-du-corps du Roi, en retraite.

Au château de Barbas, près Blâmont (Meurthe), le 18 janvier 1825.

# AU

# PUBLIC.

L'Institut a déclaré, lorsque M. Féburier présenta son bon ouvrage sur les abeilles en 1810 :

« Que malgré des écrits sans nombre, il s'en fallait
» de beaucoup que l'on eût les connaissances néces-
» saires sur les mœurs des abeilles, et le meilleur mode
» de culture....... »

Aujourd'hui on peut en dire autant, ici, tout au moins ; car souvent on y fait le contraire de ce que l'on doit faire.

L'histoire de l'abeille reste inconnue dans nos campagnes, malgré les découvertes des Swammerdam, des Schirach, et des Huber. Cette branche de notre agriculture y est honteusement négligée. A qui en est la faute?..... J'ai peur que ma voix ne se perde dans le désert ; car malheureusement, le plus souvent, ou l'on parle à des gens qui ne vous comprennent pas, ou à des hommes froids.

J'espère que l'on ne m'opposera pas que le profit de cette culture en détail est peu considérable ; car je pourrais citer des particuliers qui ont gagné et gagnent par an des 30 et 40 louis (1) avec les abeilles. Il y en a

_____

(1) Le curé de Luvigny, M. Colin de Foucrès ; dom Urbain, à Mesnils-des-Fontaines.

en Lorraine qui ont fait, avec cette culture, au-delà de mille écus annuellement (1).

D'ailleurs, c'est l'ensemble que l'homme d'état doit considérer. Combien de milliers de pots de miel et de livres de cire se perdent par l'apathie et l'ignorance de l'habitant des campagnes !

C'est à vous, bons curés des campagnes, que je m'adresse, c'est à vous à donner l'exemple ; il est toujours beau de répandre les connaissances utiles. Nous devons à un curé de la cathédrale de Bordeaux, la bonne découverte de la récolte de la cire au printemps, très-utile aux abeilles et profitable aux propriétaires. Cultivez les abeilles, partagez leur miel avec le pauvre et le malade ( la bienfaisance empêche de vieillir ) ; j'ai le bonheur d'en connaître parmi vous qui le font : aussi ai-je pour eux toute l'estime possible. ...

Vous n'aimez pas les abeilles ? tant pis ! Vous les craignez ? personne ne les a craint plus que moi ; aujourd'hui je joue avec elles. J'ai commencé en 1818 ; dès lors je travaillai avec un goût extraordinaire, avec passion. Vous me direz : Vous êtes encore novice. A cela je répondrai : Venez, et vous verrez.

Abeilles ! on peut ne pas vous connaître ; mais lorsqu'on vous connaît, on ne peut ne pas vous aimer... *Cultivons les abeilles....*

---

(1) M. Ligé, pâtissier à Lunéville.

# DÉDICACE.

## AUX MANES DE M. LOMBARD.

C'est à tes mânes, bon Lombard, que je dédie mon petit ouvrage : toi qui n'as cessé de travailler qu'en cessant de vivre ! tu as mérité par-là l'estime de tes contemporains, et la reconnaissance de tous ceux que tu as instruit (1).

Sans me connaître, avec quelle bonté tu m'as montré les erreurs dans lesquelles j'étais tombé par une fausse instruction !

Je n'ai eu le bonheur de te connaître que par ton ouvrage et par les lettres que j'ai reçues de toi. Mais je ne me trompe pas, j'en appelle à ceux qui ont vécu avec toi : tu as dû être bon époux, bon père, bon ami et bon citoyen. Honneur, reconnaissance et respect à ta mémoire !....

---

(1) M. Lombard a donné six cours théoriques, pratiques et gratuits sur les abeilles, et au dernier, en 1823, il avait plus de 80 ans.

# LE

# QUESTIONNEUR.

1. **D.** *QU'EST-CE qu'une abeille ?*

R. L'abeille est un insecte de l'ordre que les naturalistes nomment hyménoptères ( mouches à quatre ailes ). Elle est de couleur brune et chargée de longs poils sur presque toutes ses parties. Quand elle est jeune, ce poil est gris; il brunit avec l'âge. Elle a deux grands yeux à facettes situés sur les côtés de la tête, qui contiennent environ mille facettes, et trois petits yeux lisses sur le sommet; deux antennes sur la tête, espèces de petites cornes mobiles, qui sont réputées le sens du tact; une brosse à chaque patte, et à la troisième paire de pattes, une petite cavité triangulaire; c'est une espèce de corbeille pour mettre le pollen, ou pain des abeilles, qu'on a cru long-temps être la cire.

Les anciens croyaient et quelques personnes disent encore que c'est le couvin; que de la fermentation de cette poussière procède l'abeille; idée absurde et qui ne mérite pas une réfutation sérieuse.

Le corselet tient à la tête, et le ventre au corselet par des filets très-courts.

Plusieurs auteurs parlent de trois, de quatre sortes d'abeilles; ils se sont répétés. Il n'y a qu'une seule espèce d'abeilles en Europe ; elles sont un peu plus grosses au midi qu'au nord ; la couleur du poil peut varier comme la couleur des cheveux de l'homme : l'Allemand est blond, l'Espagnol est noir.

Il y a trois abeilles différentes dans une ruche : la mère-abeille, dite la reine ; elle est unique hors le temps des essaims ; sa taille est à peu près double d'une ouvrière. Les faux-bourdons ou mâles, dont le nombre varie ; ils peuvent être depuis cinq cents jusqu'à deux mille dans une ruche bien peuplée, c'est-à-dire de cinquante à soixante mille mouches. Et, enfin, les abeilles ouvrières, ou neutres par accident, car elles sont femelles nées, ce qui sera prouvé.

Voici ce qu'Huber, le plus profond et le plus infatigable des naturalistes observateurs, dit de la formation des abeilles, qu'il a pu examiner au moyen d'alvéoles en verre. La reine est trois jours à l'état d'œuf, cinq jours en larve (ver) ; les abeilles ferment alors la cellule ; un jour pour filer ; deux jours seize heures de repos, puis elle se métamorphose en nymphe, et y reste quatre jours huit heures. Total : seize jours.

Le mâle ou faux-bourdon, que l'on nomme improprement couveuse, est aisé à reconnaître par sa taille et sa grosseur ; il n'a pas de dard ; ses pattes sont dépourvues de corbeilles. Trois jours œuf ; six jours et demi ver ; l'alvéole est fermé par les abeilles. Pour filer et se métamorphoser en nymphe, quatorze jours et demi. Total : vingt-quatre jours.

L'ouvrière est trois jours à l'état d'œuf, cinq

jours à celui de ver ; les mouches ferment l'alvéole. Le ver file pendant trente-six heures ; trois jours après il se métamorphose en nymphe, et passe ainsi sept jours et demi. Total : vingt jours.

L'abeille ouvrière paraît ne pas vivre plus de douze à quatorze mois ; le mâle trois à quatre mois ; les reines, une couple d'années.

2. *D. Quelle est la bonne manière de construire un rucher, et qu'elle position doit-on lui donner ?*

R. On doit établir son rucher à deux étages, de la longueur que l'on veut, selon la bonté du pays. On peut le couvrir en chaume, en tuiles, ou bardeaux, et même en pierres. On laisse derrière, dans toute sa longueur, un espace suffisant ( deux pieds et demi ) pour qu'un homme puisse y passer librement, et examiner les ruches à volonté, en les levant doucement par-derrière de dessus le plancher. On peut, au lieu de plancher, se servir de plateaux, en les établissant sur de fortes lattes, ce qui vaut beaucoup mieux.

Cette méthode, trop négligée en Lorraine, est incontestablement la meilleure pour tenir le rucher plus proprement et tuer les papillons de fausses teignes, qui de jour se retirent derrière ; pour donner plus facilement à manger, et pour courir moins de risque des attaques. Changez vos ruchers, que je nomme à juste titre ruchers bâtards. Pour éviter la dépense, si vous ne voulez pas qu'on passe derrière, rendez le derrière mobile à battans comme une porte. Point de rucher, si vous ne pouvez opérer par-derrière : faites-en l'expérience, et vous verrez qu'il n'y a pas de comparaison.

Il faut que votre rucher soit sec et aéré ; que les premiers plateaux soient à un pied et demi de terre au moins ; les autres à deux pieds plus haut, et le toit à trois pieds plus haut, pour ceux qui voudront des ruches d'Alsace ; qu'il n'y ait pas d'herbe à six ou huit pieds devant le rucher ; que la terre y soit bien battue ; vous balayez souvent et vous voyez ce qui s'y passe. Donnez toujours cinq ou six pouces d'intervalle entre les ruches, et plus si vous pouvez. Il serait bon que les plateaux fussent plus hauts de six à huit lignes par-derrière pour l'écoulement des vapeurs.

Si vous voulez avoir le soleil en face de votre rucher, soit à neuf heures, dix heures, ou dix heures et demie, plantez une latte en terre, et avec une autre latte, faites un angle droit avec l'ombre ; faites juste la croix ; vous placerez votre rucher comme la latte qui est par terre. Il faut vous garantir de la pluie, des vents du nord ( la bise ), du nord-ouest et du couchant, soit par de grands arbres, soit par des haies épaisses ou des murs. Il est nécessaire d'avoir de petits arbres, près du rucher, pour recevoir les jetons : le coi-gnassier et les groseillers sont très-bons. Plantez autour de votre rucher du réséda, du thym, de l'hyssope, de la sarriette, de la mélisse (1), de la marjolaine, etc., et par-dessus tout la bourrache, dans les fleurs de laquelle les abeilles trouvent du miel, même après la pluie.

______________________

(1) La mélisse est excellente, prise comme le thé, con-tre les maux de tête, les indigestions. J'en ai vu aussi des effets surprenans contre la colique.

Il faut que les abeilles aient à boire ; mais éloignez-les des grandes eaux. Feu M. Lombard indique un procédé à employer dans les lieux où il n'y aurait pas d'eau; c'est d'y suppléer par un ou plusieurs baquets. Vous pouvez scier de vieux tonneaux à douze ou quinze pouces de hauteur ; vous les placez en terre, et vous mettez dedans sept à huit pouces de terre, du cresson de fontaine, et de l'eau fraîche de temps en temps.

Le cerisier, le marronnier, l'acacia, le cytise, le tilleul, le saule sauvage, le cornouiller et le noisetier sont très-bons près du rucher (1). Eloignez-le des grandes routes ; il y a trop de poussière, trop de bruit ; mettez-le dans des lieux tranquilles.

3. D. *Quelle ruche doit-on employer ?*

R. Si vous ne pouvez faire autrement, employez celles dont vous avez l'usage, à quelques modifications près. J'en emploie de quatre sortes pour l'exploitation ; si j'en ai d'autres, c'est pour l'amusement.

Je mets au premier rang celle de **M.** Féburier, dite ruche à la *Bosc.* Elle a l'avantage de pouvoir faire les jetons par séparation ; par-là la mère et le jeton ont de quoi vivre, et vous n'êtes pas obligé à la garde dans une saison où vous avez

---

(1) Feu M. Lombard avait bien cinquante ans, lorsqu'il fit à Paris une plantation de sapins pour ses abeilles. Il semait tous les ans dans son clos un hectare de navette de mai. Celle d'automne est préférable, elle donne plus de miel. Semez des acacias, des cytises ; ces arbres croissent très-vite. Les branches d'acacia donnent de bons échalas.

beaucoup à faire ; elle est en bois, et ne craint pas toute la famille des rats (1) ni le pivert (bec en bois). Lorsqu'on ne prend pas de précautions, cet oiseau détruit beaucoup d'abeilles. La reine allant là où il frappe, est la première avalée.

En second lieu, la ruche d'Alsace à rehausse, parce que vous avez toujours le meilleur miel, et que par le moyen de carreaux de vitre adaptés derrière, vous voyez travailler ; vous voyez s'il y a du miel, etc.

Celle de M. Lombard, dite villageoise, vous donne aussi du miel fin dans le couvercle.

Enfin la nôtre, dont voici les proportions que je vous conseille de suivre ainsi que la forme.

Le maximum de la largeur du bas en dedans œuvre ne doit jamais excéder treize pouces ; ayez-en aussi de douze pouces. Donnez-leur depuis neuf pouces jusqu'à un pied de hauteur. Le sommet doit être toujours en dôme ou cloche, et jamais plat. Nous en avons de trop épatées (larges et plates) ; la chaleur ne peut pas bien s'y concentrer ; le couvin n'y prospère pas comme dans celles qui sont plus resserrées. Vous aurez des rehausses uniformes, de trois, quatre et cinq pouces, que vous adapterez lorsque les années seront bonnes ; vous les arrêterez avec trois ou quatre petites chevilles ; vous pourjetez les intervalles. Mettez toujours une anse ou un bouton

---

(1) Contre les souris, placez autour de votre rucher trois ou quatre pots à rez terre ; mettez-y un tiers ou moitié d'eau. En 1822, j'ai pris ainsi cinquante-sept souris ou musaraignes et quelques crapauds.

fort, au haut de la ruche, pour l'enlever. (*Voyez les figures.*)

*Ruche à la* Bosc*., perfectionnée par M.* Féburier.

« Vous prenez des planches de sapin d'environ
» un pouce d'épaisseur; la ruche aura de largeur
» dix pouces huit lignes ; le derrière, seize pou-
» ces de hauteur, et le devant, quatorze. Le de-
» vant et le derrière seront un peu inclinés, de
» manière que la profondeur de la partie supé-
» rieure soit réduite à six pouces, tandis que le
» bas aura un pied. Vous clouez sur le dessus
» une couverture qui n'excède ni devant ni der-
» rière, mais qui passe d'un pouce ou quatorze
» lignes de chaque côté, pour recouvrir les cô-
» tés qui sont mobiles et coupés de manière à
» ne dépasser nulle part. On placera dans l'in-
» térieur deux baguettes de quatre à cinq lignes
» en carré ; elles traverseront l'épaisseur des plan-
» ches de devant et de derrière, au milieu de
» chaque partie (la ruche sera sciée en deux);
» cela empêchera l'écartement du devant et du
» derrière, et on les maintiendra en enfonçant
» un petit coin dans leurs extrémités. On tra-
» verse les baguettes par une autre plus mince,
» à angle droit, qui ne touche pas le côté, ni
» qui ne dépasse pas le milieu de la ruche qui
» sera divisée sur sa largeur en deux parties bien
» égales par un trait de scie. On les réunira avec
» du fil de fer, et on attachera les côtés de la
» même manière. Pour cet effet, on place à un
» demi-pouce du bord de la division, au haut

» et au bas de chaque côté , un clou ou une che-
» ville un peu plus gros en dehors qu'en dedans ;
» on tournera le fil de fer en le croisant deux ou
» trois fois. Il faut que ces chevilles soient
» placécs à toutes les ruches à la même hauteur
» devant et derrière , pour pouvoir se réunir
» l'une avec l'autre quand on fait les jetons par
» séparation. »

Pour pouvoir enlever la ruche , je mets de
chaque côté deux boutons saillans d'un pouce ,
et assez gros pour pouvoir être bien empoignés ;
et derrière , au lieu des deux clous du bas , je
mets aussi deux petits boutons ; on les lie avec
de la ficelle ; ils servent à soulever la ruche pour
voir ce qui se passe.

L'auteur met sur le haut de la ruche deux poi-
gnées faites avec de la moyenne corde , et assez
rapprochées pour les prendre toutes deux avec
la même main : on choisira.

« Sur le devant et au bas de la ruche , on fait
» une entaille de quinze à seize lignes de large
» sur cinq à six lignes au plus de hauteur en de-
» hors, et neuf à dix lignes en dedans ; cette porte,
» par le coup de scie, se trouvera juste coupée
» en deux. On a des portes en bois ou en fer-
» blanc, qui sont mobiles , où il y a des entailles
» pour le passage d'une abeille , et des trous pour
» l'hiver ; on blanchit les planches , au moins en
» dedans. Voilà la proportion de la petite ruche ;
» ce qui la porte à quatre rayons de chaque côté ;
» mais la largeur ne peut augmenter que dans
» la proportion de deux pouces huit lignes, ou
» cinq pouces quatre lignes, parce que cette lar-

» geur est calculée sur le nombre des rayons, et
» qu'il faut seize lignes pour un rayon et la dis-
» tance de l'un à l'autre. »

La petite ruche est pour huit rayons, la moyenne
dix, et la grande douze. On doit les employer suivant la bonté du canton que l'on habite. Je me
sers des moyennes en plus grand nombre.

« On fera dans la couverture, à chaque partie,
» deux ou trois petits trous placés entre les rayons ;
» voilà le ventilateur. Ces trous auront une ligne
» et demie de diamètre ; on les bouchera avec
» une cheville assez lâche pour la retirer à vo-
» lonté, et assez longue pour pénétrer d'une li-
» gne ou deux dans la ruche. Ces trous serviront
» à renouveler l'air, et à faire sortir la fumée.

» Lorsqu'on voudra se servir de la ruche, on
» attachera, à deux lignes du bord où elles s'u-
» nissent, et parallèlement, un morceau de rayon,
» ou deux, un de chaque côté, avec du petit fil
» de fer, en pratiquant des trous dans la cou-
» verture. Ces morceaux de rayons ne toucheront
» la couverture que sur deux ou trois points.
» Cette disposition est essentielle pour que les
» abeilles aient de la place pour les attacher. Il
» faut aussi placer les rayons dans le sens que
» les abeilles les font ; si on les mettait dans le
» sens contraire, les abeilles ne pourraient s'en
» servir. »

Pour plus de facilité, je me suis procuré de
ces feuilles de bois de sapin, que les marchands
de vaisselle de bois nous vendent pour presser
nos fromages. Je placerai cette feuille sous le couvercle d'une ruche d'Alsace, j'y laisserai travailler un essaim un jour ou deux, puis je la lui

prendrai, et en coupant entre les rayons, avec un tranchet, je clouerai avec de la très-petite pointe de Paris la petite planchette et son rayon. Cela sera immanquable; les mouches ne bâtiront pas de travers, ce qui empêcherait d'ouvrir cette ruche, et ferait manquer le point principal, les essaims artificiels par séparation.

« Quand on veut faire un essaim, on fait at-
» tention au côté où il y a le plus d'alvéoles
» royaux; on frappe légèrement de l'autre côté
» pour y attirer la reine ; on met les abeilles
» en état de bruissement ; on divise tranquille-
» ment la ruche en deux ; on chasse avec la fu-
» mée les abeilles derrière les rayons du centre ;
» on prend deux parties de ruches vides, et on joint
» une de celles-ci à une pleine, en écartant les abeil-
» les avec la fumée pour ne pas les écraser ; on ré-
» tablit les ligatures avec le fil de fer et on a deux
» ruches moitié vides. On commence par clorre
» et lier la ruche où est la mère, et on la porte
» à la place qu'on lui a destinée, et on laisse
» l'autre où elle était. L'heure pour opérer est
» le grand matin, le soir ou un jour de mau-
» vais temps, afin que toutes les abeilles soient
» chez elles. »

Pour éviter huit chevilles ou clous et quatre ligatures, je perce avec un fer rouge le toit de la ruche, au milieu de chaque côté, de manière que le trait du fer rouge passe un peu dans le bord du côté mobile, et au moyen d'une che-ville, je retiens et serre le côté, puis je le lie au bas de la manière indiquée.

## *Ruche de M.* Lombard *, dite* Villageoise.

Cette ruche n'a ici aucune de ses vraies proportions. Le fond s'y fait en paille, et n'a presque
pas d'ouverture ; de manière que souvent les
mouches ne vont pas bâtir dans le couvercle. La
proportion est de dix-sept et vingt pouces de
hauteur dans œuvre , y compris le couvercle. Le corps de la ruche doit avoir un pied
de diamètre du haut en bas dans œuvre , sur
douze à treize pouces de hauteur pour les petites , et quinze pouces pour les grandes. On fait ,
pour plus de solidité , et mieux adapter le couvercle en haut et en bas de la ruche , un cordon
qui ne dépasse pas le derrière , et de la même
grosseur que les autres cordons. Les couvercles
doivent avoir dans œuvre quatre et cinq pouces
de hauteur. Dans les très-bons pays on peut en
avoir de six ; il faut qu'ils soient faits bien en
dôme ou cloche , et qu'ils aient comme la ruche
un pied de diamètre par le bas dans œuvre. La
séparation se fait avec une planchette de sapin
de quatre à cinq lignes d'épaisseur sur dix pouces
en carré. Vous sciez les quatre coins en rond
pour pouvoir la placer au haut de la ruche au
niveau des cordons.

Sous ce petit plateau de séparation , je place
un bâton d'épine de la grosseur du petit doigt ,
en perçant la ruche très-près du plateau avec un
fer froid ; l'épine doit être raclée et assez forte
pour servir à manier la ruche , et dépasser de
chaque côté de trois pouces. Chaque couvercle
ou chapeau doit avoir en haut une anse pour

pouvoir le prendre plus facilement, et de chaque côté deux petites anses qui doivent bien tenir entre le dernier et l'avant-dernier cordon. Ces anses s'attachent avec un fort ruban ou cordeau, après les deux bouts saillans de la traverse ; elles doivent être bien vis-à-vis l'une de l'autre. On peut traverser le couvercle par le bas d'une pareille baguette que celle qu'on a employée pour la ruche et les lier ensemble.

J'arrête la planchette de séparation avec quatre chevilles de fer, qui entrent dans chacun des coins sciés. Comme les cordons de paille ont environ un pouce de diamètre, et qu'il y en a deux au haut de la ruche, mes chevilles, qui ont une petite tête en forme de cercle, ont deux pouces six lignes de longueur, pour pouvoir traverser les cordons et entrer dans la planchette. M. Lombard fait un peu différemment, parce que ses ruches sont en plein air et recouvertes avec de la paille (1). Voilà sa vraie ruche ; il renie toutes les autres qui l'imitent, mais qui n'en sont pas. Il faut deux ou trois traverses dans le corps de la ruche pour soutenir le travail des abeilles. Quelques personnes font la faute de mettre, dans nos ruches, les deux traverses ensemble et presque en bas ; dans les mauvaises années le jeton n'arrive pas là avec son ouvrage : cela ne

______

(1) Il met au couvercle un bois d'un pied de haut perpendiculairement, qu'il nomme flèche ; c'est pour tenir un surtout en paille pour garantir les ruches de la pluie, parce qu'elles sont à l'air sur des plateaux. Je préfère le rucher couvert.

vaut rien ; il faut mettre la première baguette à quatre ou cinq pouces de distance du haut de la ruche.

*Essaims artificiels de M.* Lombard.

Cet auteur dit : « J'approche un tabouret pro-
» pre à cette opération, la poêle fumante, et
» deux ruches vides sans plancher ; l'une sans
» couvercle, l'autre ayant le sien détaché (1). Je
» décolle le couvercle de la même ruche sans le
» déplacer encore ; j'enlève cette ruche de dessus
» sa table, et la pose sur le tabouret ; je mets sur
» la table celle des deux ruches vides qui n'a pas
» de couvercle, afin d'y recevoir les abeilles qui
» rentrent ; je frappe quelques petits coups sur
» le corps de la ruche-mère ; j'enlève son cou-
» vercle et le mets sur la ruche posée sur la ta-
» ble. Sur la ruche-mère, sans couvercle, je pose
» l'autre ruche vide avec du pourjet, je ferme les
» issues que les abeilles peuvent avoir au bas de
» la même ruche, et j'introduis la poêle fumante
» dans le tabouret, sous la ruche-mère. La fumée

---

(1) Son tabouret est une machine qui a quinze pouces en carré sur dix-sept d'élévation, fermé de trois côtés en planches. Le dessus du tabouret est une table de seize pouces en carré, percée dans le milieu ; de la longueur d'un pied dans œuvre, fermée avec une toile métallique, claire comme du gros canevas, ou d'un grillage assez serré pour que les abeilles ne puissent tomber à travers. Il y place sa poêle fumante qui est une machine faite comme une chaufferette ronde qui a un couvercle à trous. Il se sert de bouze de vache séchée pour obtenir de la fumée. Nous pouvons nous passer de tout cela avec de bons fumerons. S'il le faut, on en prend deux pour un.

» chassant les abeilles de la ruche pleine dans
» celle vide, j'ôte le couvercle, et je vois les
» abeilles monter de l'une dans l'autre; je vois
» le volume d'abeilles passées, et lorsque mon
» but est rempli, je sépare les de x ruches; je
» pose celle contenant le nouvel essaim sur un
» tablier, je remets la vieille ruche à sa place en
» lui rendant son couvercle.

» J'ai pris le parti de faire trois et jusque six
» essaims artificiels de suite, de les porter à me-
» sure que je les fais, dans une pièce privée de
» l'accès du jour. Là je place les ruches nou-
» velles sur la même table; j'ôte le couvercle,
» et je pose sur chacune une ruche vide avec son
» plancher, et dessus je mets le couvercle de
» l'essaim. Les abeilles sans reine dans la pièce
» obscure, et sur la même table, se réunissent
» d'elles-mêmes à celles qui ont une reine, sans
» la moindre querelle, et cela forme de forts
» essaims. »

Voilà le mode de M. Lombard; voici comme
je crois qu'on pourrait faire. Après avoir frappé
sur le couvercle de la mère ruche pour y attirer
la reine, je le placerais sur la ruche dans laquelle
je veux faire mon jeton; je ferais tout le reste
de l'opération; je mettrais ensuite mon jeton au
loin, la mère à sa place, en lui remettant un couvercle vide. Cela me semble plus avantageux,
vu que le jeton a les vivres qui sont dans le couvercle, et la ruche-mère qui en a encore, en
trouve d'ailleurs dans cette saison. Les amateurs
éprouveront et choisiront.

## *Ruche d*'Alsace, *dite* à Magasin.

Elle se trouve dans l'ouvrage de feu Engel, président du consistoire de Colmar. Il la tient du ministre Christ, premier curé protestant à Kronberg, près Francfort sur le Mein. J'ai eu l'honneur de le connaître particulièrement; c'était, sous tous les rapports, un homme très-estimable. Il déclare positivement qu'il est l'inventeur de cette ruche, laquelle, dit-il, imite celle de Palteau, qu'il n'a connue que depuis.

« Ce sont des boîtes carrées, sans autre fond
» que le tablier même, et n'ayant d'autre cou-
» vercle que celui de la boîte supérieure. Elles
» sont formées de cadres en bois de sapin qui
» posent les uns sur les autres. Ces cadres ont
» dans œuvre onze à douze pouces sur chaque
» face, et quatre pouces de hauteur; les planches
» qui les composent ont de neuf à douze lignes
» d'épaisseur. Tous ceux d'un même rucher doi-
» vent avoir les mêmes dimensions, afin de s'a-
» dapter l'un sur l'autre exactement. Sur le devant
» de chaque cadre, on ménage une ouverture de
» deux pouces sur trois quarts de pouce de hau-
» teur. Cette ouverture se ferme avec une petite
» planchette mobile, nommée guichet, qui se
» glisse dans une coulisse. Dans la face du cadre
» opposée au guichet, l'on pratique une petite
» fenêtre formant un carré long de sept pouces
» sur deux pouces et demi de hauteur. On y
» adapte un verre à vitre de la grandeur de l'ou-
» verture; cette fenêtre se ferme avec un volet à
» coulisse; on ne l'ouvre que quand on veut

» inspecter l'intérieur de la ruche. On établit au
» haut de chaque cadre, et à distances égales,
» deux ou trois baguettes transversales, de forme
» triangulaire, ayant environ un tiers de pouce
» d'épaisseur. Ces traverses sont fixées au cadre
» exactement dans le plan de sa surface horizon-
» tale supérieure, sans le dépasser : elles posent
» sur les deux faces du cadre où sont pratiquées
» l'entrée et la fenêtre, parce qu'il est avanta-
» geux que les abeilles donnent cette direc-
» tion aux rayons ; elle facilite la circulation de
» l'air (1).

» On fixe en outre dans la partie inférieure
» du cadre, au milieu, à un demi-pouce de dis-
» tance de la base, et dans le sens opposé à ce-
» lui des traverses, une petite baguette de quatre
» à cinq lignes de diamètre ; c'est pour soutenir
» les rayons. La ruche étant toujours composée
» de ces cadres sans fond, et celui d'en bas re-
» posant sur le plateau, on fixe au-dessus du
» cadre supérieur pour le fermer, une planche
» de la même grandeur, de huit à neuf lignes
» d'épaisseur. On lutte cette planche avec du
» pourjet, il ne faut point la clouer ; on l'y fixe
» au moyen de deux vis dont la tête est en an-
» neau (2).

» On aura soin de pratiquer, au centre du cou-
» vercle, une ouverture circulaire d'environ deux
» pouces de diamètre en cône renversé (c'est-à-

---

(1) M. Engel établit les ventilateurs comme aux ruches
à la Bosc.

(2) Ce n'est pas assez : j'emploie les *entailles*, comme
les luthiers pour tenir les violons collés.

» dire, plus étroit de deux lignes en bas qu'en
» haut), que l'on fermera avec un bouchon mo-
» bile, joignant aussi-bien que possible. On col-
» lera sur le bouchon un fort papier. Cette ou-
» verture est destinée à alimenter les abeilles dans
» un temps de disette (1).

» Le haut de chaque cadre a un rebord saillant
» de huit à neuf lignes en tout sens, qui sert à
» l'enlever. Ces rebords doivent être cloués avec
» de fortes pointes de Paris, et bien de niveau
» au-dessus pour ne pas gêner le fil de fer en
» coupant...... Pour ramasser un essaim, on
» prépare une ruche composée de deux cadres
» ou magasins, posés exactement l'un sur l'au-
» tre, et assujettis avec une forte ficelle, le cadre
» supérieur fermé au moyen de son couvercle. »

Pour plus de facilité, j'ai fait faire de chaque
côté des cadres, et bien au milieu, deux petits
boutons, et je lie ensemble ces boutons de chaque
côté. Voici comment je fais faire les ruches à magasin pour pouvoir leur donner une pente en
hiver. Je donne au cadre onze ou douze pouces
de large par-devant et par-derrière ; au côté seulement huit pouces et demi, et cinq pouces de
hauteur au lieu de quatre ; c'est presque le même
cube. Pour lors, au mois de novembre, je pose
une ruche composée de plusieurs cadres sur un
cadre fait exprès qui a trois pouces de hauteur

______

(1) Cette manière n'est pas bonne, selon moi ; on peut
se servir de cette ouverture pour faire faire du miel aux
abeilles dans des vases de verre en forme de cloche, contenant un demi-litre environ : on les recouvre d'une che-
mise de paille ou de toile.

par-derrière ; les côtés vont en diminuant sur le devant qui n'a qu'un demi-pouce ; cela donne une pente pour l'écoulement des vapeurs. Les amateurs pourront éprouver les deux manières. Ce cadre, dans lequel les abeilles ne travaillent jamais, a par-derrière une ouverture de quatre pouces et demi de large sur quinze lignes de hauteur, pour pouvoir donner à manger avec un de mes vases en fer-blanc. Cette ouverture se ferme avec une coulisse ; elle peut aussi servir à donner de l'air (1).

### *Essaims artificiels de cette Ruche.*

« Supposons qu'au printemps vous ayez une
» belle et forte ruche de quatre magasins, dont
» vous voulez vous procurer un essaim. Vers le
» soir, après la retraite des abeilles, frappez lé-
» gèrement sur le cadre supérieur ; ce bruit y at-
» tire la reine. Passez promptement un fil d'ar-
» chal dans la jointure du milieu de la ruche,
» pour détacher les deux cadres inférieurs des
» supérieurs ; introduisez un peu de fumée pour
» étourdir les abeilles. Enlevez la partie supé-
» rieure de la ruche dans laquelle se trouve la
» reine, pour la placer sur un plateau. Quant à
» la ruche inférieure, adaptez-y promptement
» un couvercle, et portez-la sur son tablier à

---

(1) Ce qui m'étonne, c'est de voir des personnes qui ont de l'instruction, et même du talent, et qui croient que les abeilles mastiquent le verre de manière qu'on ne puisse pas les observer. Beaucoup de cultivateurs d'abeilles avaient ce préjugé ; il y en a même qui n'ont été parfaitement désabusés qu'en voyant.

» quelque distance de la première ; tenez-la fer-
» mée pendant vingt-quatre heures , sans cepen-
» dant intercepter toute communication avec
» l'air extérieur. Il faut entr'ouvrir les deux gui-
» chets à peu près d'une ligne , et soulever un
» peu la ruche de dessus son plateau avec un
» mince éclat de bois. »

Ceci est contraire aux principes , la reine-mère
partant toujours avec le premier jeton. Je por-
terais la partie de ruche où j'ai la reine à une
autre place , et je laisserais l'autre partie où elle
était en mettant de suite une troisième rehausse
tant au jeton qu'à la mère. ( Je nomme ici jeton
la partie où se trouve la vieille reine. ) Ne faites
jamais de jeton sans voir des alvéoles de reines,
ou force mâles à l'état d'insectes parfaits.

M. Serain m'étonne , lorsqu'il assure que
l'on peut faire des jetons artificiels vers la fin
de l'automne. La partie qui aura la reine sub-
sistera , mais l'autre à coup sûr périra. Il
conseille encore de préférer les premiers jours
du printemps pour faire des jetons artificiels.
Les mouches pourraient se faire des reines à
la Schirach, mais qui, fécondées trop tard, ne
donneraient que des mâles. Voyez les demandes
36 et 36 *bis*, et n'écoutez pas M. Serain.

Nous prenons les essaims naturels en secouant
les mouches dans une ruche. Dans plusieurs dé-
partemens on suspend une ruche au-dessus de
l'essaim. M. Serain dit qu'il a été obligé de pré-
senter jusqu'à cinq ruches au même jeton avant
de l'avoir , et que l'opération a duré jusqu'au
soir. Notre méthode vaut donc mieux. Cependant si un essaim se pose à terre , mettez votre

ruche dessus, un côté appuyé par terre et l'autre un peu soulevé.

Engel, pour hiverner les abeilles, dit qu'il faut ôter la dernière rehausse, si elle n'est pas remplie. Je ne suis pas de son avis. M. Lombard faisait tout le contraire. Il hivernait dans sa maison, de peur des voleurs, et dans un appartement privé de lumière, en mettant la ruche pleine sur une ruche vide sans couvercle; et sur le rucher une rehausse de trois à quatre pouces. J'établis aux ruches Lombard deux ventilateurs; un immédiatement sous la planchette de séparation, et un dans le haut du chapeau.

4. D. *Quel est le défaut des ruches plates, et pourquoi les bombées sont-elles meilleures?*

R. C'est un grand inconvénient qu'une ruche plate. Les vapeurs se condensent ( deviennent gouttes d'eau ), retombent sur les abeilles qui en meurent. Si vous avez des ruches en paille, faites faire le haut de la forme d'une cloche; les vapeurs condensées couleront le long de la ruche et se dissiperont.

5. D. *Si on a de vieilles ruches, que doit-on faire pour les rendre propres au service?*

R. Si vous avez de vieilles ruches plates, ce que vous avez de mieux à faire, c'est de vous en servir pour chauffer votre four. Si elles sont de bonne forme, vous pouvez les couvrir de pourjet. Le pourjet est un composé de deux parties de bouze de vache fraîche, et d'une partie de charrée ( cendre lessivée ); on y ajoute un peu de chaux éteinte. On prétend que cela écarte les insectes. Le papillon de la fausse teigne s'y met très-rarement, n'ayant rien pour se cacher. Vous garnissez de ce pourjet toute votre ruche en dehors avec une spatule. En peu de temps cela est sec et propre.

J'en ai une garnie en dehors et en dedans, dans laquelle il y a un jeton bien établi.

Vous passez vos cendres dans une passoire, pour qu'il n'y ait ni charbons ni pierres, etc. Aussi, quand vous avez un jeton, vous devez pourjeter le bas de la ruche sur le plateau ; quand cela est bien fait, souvent les mouches n'emploient pas la propolis pour coller la ruche, et c'est autant de temps gagné. Il ne faut jamais perdre de temps ni en laisser perdre : le temps perdu ne se récupère jamais....

6. D. *Est-ce la vieille reine qui part avec le premier essaim ?*

R. Huber, Genevois, a prouvé que c'est toujours la vieille reine qui part avec le premier jeton. Il lui avait coupé une antenne pour la reconnaître. Cette découverte est de 1788. En 1791 Huber fit cette expérience en grand sur dix-huit ruches, et il vit toutes les vieilles reines partir au printemps suivant avec l'essaim.

7. D. *En part-il quelquefois deux avec le premier essaim, et s'il en part deux, quelle en est la raison ?*

R. Un bon auteur français dit que jamais il ne part deux reines avec le premier essaim. J'ai eu l'honneur de lui donner des preuves du contraire. J'en ai vu quatre dans ce cas, en 1823. J'ai tenu deux des jeunes reines vivantes, et j'en ai vu une de tuée chez moi. Les personnes à qui ap-

partenaient les jeunes reines ont voulu les remettre dans la ruche où la vieille était rentrée,
et, comme je l'avais dit, le lendemain on les
trouva tuées : deux reines ne pouvant exister
ensemble dans une ruche sans se combattre.

Le temps ayant été mauvais, la reine-mère
n'est pas partie comme elle le devait.

Il faut seize jours à une reine pour être à l'état
d'insecte parfait. Si elle reste deux jours de plus
dans son alvéole, elle peut voler et partir à l'instant et dans le tumulte du jet. Donc il peut s'en
trouver deux avec le premier jeton ; mais les
mouches vont toujours de préférence avec la
vieille reine, parce qu'elle est fécondée : car toujours, dit Huber, la jeune reine part vierge
avec son jeton.

8. D. *Doit-on mettre les jetons de suite en
place, ou attendre le soir ?*

R. Il vaut mieux mettre de suite un jeton en
place ; car lorsque vous le laissez jusqu'au soir,
vous voyez le lendemain beaucoup de mouches
aller chercher leur ruche où elle était, et par-là
perdre leur temps. S'il part un jeton, elles s'y
réunissent, et c'est autant de perdu pour celui à
qui elles appartenaient. Quinze à vingt minutes
après qu'un essaim est amassé, il y a un moment
de repos : c'est cet instant qu'il faut saisir pour
mettre la ruche à la place qu'on lui a destinée.

Lorsqu'on prend un jeton, il ne faut pas frotter toute la ruche avec du miel, et surtout ne
pas employer le vin avec le miel. On peut mettre
un peu de miel au haut de la ruche. Il suffit de
la frotter avec des feuilles de fèves de marais

( grosses fèves ) ou de quelques herbes odoriphérantes , même avec de l'urine. J'ai vu amasser un jeton dans une ruche qu'on avait frottée de miel et de vin , il y eut un combat où plus de deux mille mouches furent tuées.

Si un jeton s'est placé dans un endroit difficile , on prend quelques branches , soit de saule , soit de charmille , bouleau , etc. , on en fait un petit balai , on le mouille d'eau miellée , on le présente aux abeilles en l'enfonçant peu à peu dans l'essaim. Les mouches s'y attachent et l'on retire l'essaim , soit du trou d'une muraille , soit du haut d'un arbre , en employant une perche. J'avais déjà fait usage de ce moyen , lorsque je l'ai trouvé dans l'ouvrage de M. Féburier , dont je recommande la lecture aux amateurs : le tout est bon ; mais la partie des essaims y est surtout parfaitement traitée.

Si vous avez un jeton , et que le mauvais temps survienne , donnez-lui à manger.

Un essaim qui vient par un temps mielleux , trois semaines plus tard , fera mieux que le premier qui aura eu du mauvais temps. Le 1er août 1821 j'eus un jeton ; le mauvais temps survint ; j'avais beaucoup de miel, je ne le ménageai pas ; je lui en donnai par livre à la fois ; je voyais avancer l'ouvrage, et ne savais comment cela se faisait. Je m'en suis douté , mais je ne pouvais le croire , étant imbu de faux principes. C'est ce qui arrive toujours : les vérités les plus palpables sont rejetées par l'homme à faux principes. Ce jeton , quoique retardé , et dans une mauvaise année , est devenu une de mes meilleures ruches, et, en 1822, il me rendit bien quatre et même cinq fois ce que je lui avais donné. Cette même année 1822 , j'ai obtenu , au pied des Vosges , de cinq ruches , dont trois étaient des jetons de l'année, 150 livres de miel, en quatre coupes. Il était pesé et partagé. Les mouches sont restées bonnes. Il y a là une grande forêt de sapins , de bruyères , etc. (1).

Il serait à désirer que le gouvernement autorisât, engageât même à placer des ruchers dans les forêts royales qui seraient propres à la culture des abeilles ; que même il donnât des encouragemens pour cela, ainsi que le faisaient autrefois Joseph II, l'électeur de Saxe , et celui du Palatinat. Ces princes ont donné de fortes récompenses à ceux qui cultivaient les abeilles. Ne pourrait–on les imiter sans craindre de s'abaisser ?..... Mais , comme je le dis, le bien va toujours lentement, et le mal au galop (2).

---

(1) Depuis que j'ai écrit cela , un particulier m'a dit avoir recueilli dans les Vosges 224 livres de miel avec cinq ruches (32 pots de Lorraine ).

(2) J'ai appris par M. Poinsignon, propriétaire , inspecteur des eaux et forêts en retraite , et avant la révolution maître particulier ; j'ai appris de lui , dis–je, qu'il permettait de placer des ruches dans les forêts , aux gens de bonnes mœurs , aux braves gens , enfin, pauvres ou riches. Il m'a cité notamment la commune de Fontenoi, arrondissement de Lunéville, où les habitans avaient beaucoup de ruches dans la forêt et en tiraient un grand profit. La révolution est venue, l'irréligion étant à l'ordre du jour, et par une suite nécessaire le vol et tous ses accessoires , on en a volé, et il a fallu retirer le reste pour ne pas tout perdre.

Maintenant que nous avons droit de croire à la *résurrection* des mœurs , prions le gouvernement du

J'oubliais de dire qu'on peut arrêter un jeton avec un ou deux coups de pistolet ; j'en ai arrêté un qui était sur le rucher et en place depuis une heure : quoique déjà à moitié parti, il est rentré aussi vivement que le coup de pistolet. J'en ai un autre que j'ai nommé le *Déserteur*, parce qu'il est déjà parti deux fois, et que j'arrête avec deux coups de pistolet. Il ne faut pas frapper, faire de grand bruit que tout l'essaim ne soit sorti de la mère ruche, lorsqu'une ruche essaime. Si, lorsqu'un essaim est entièrement sorti, il a l'air de vouloir s'écarter, il faut jeter de la poussière et de l'eau : l'arme à feu vient après.

9. D. *Si, lorsqu'une ruche-mère doit essaimer, il arrive que le temps soit variable et peu propice, et que cependant il y ait quelques coups de soleil, peut-on faciliter le jet, et quel en est le moyen ?*

R. Vous prenez un beau et grand miroir, entre midi et deux heures ; s'il fait des coups de soleil, vous faites jouer la lumière sur la ruche, et en dedans par l'ouverture. De cette manière, j'ai obtenu deux jetons en 1824 ; et deux de mes voisins, à qui j'avais parlé de ma découverte, en ont obtenu chacun un par le même moyen. On peut laisser une glace fixe, le reflet dans la ruche, et en faire jouer une autre.

10. D. *Si, après deux ou trois jours au plus tard, on voit de l'inquiétude dans un*

---

meilleur des rois de permettre ce placement, qui, je l'assure, sera très-utile au peuple, et, par une suite nécessaire et prouvée, au gouvernement.

*deuxième essaim, quel en est le motif, et que
doit-on faire?*

R. Cela arrive, lorsque la reine est sortie
pour se faire féconder dans le vague des airs,
ce qui arrive ordinairement le lendemain ou le
surlendemain du départ de l'essaim. (Cette découverte due à Huber, est du 29 juin 1788;
l'absence de la reine dure vingt-cinq à trente
minutes ; elle pond 46 heures après, et se
trouve fécondée pour deux ans). Si elle vient
à être surprise par une averse ou un ennemi, elle
ne revient plus; alors vous voyez les abeilles par-
courir avec inquiétude l'extérieur de la ruche,
courir sur le plateau, rentrer dans la mère
ruche, et même dans d'autres. Il faut leur donner
une reine de suite ( il y en a toujours dans d'autres ruches dans ce temps), ou donnez-leur un
coupon de couvin d'abeilles ouvrières où il y ait
des vers de moins de trois jours. La tranquillité
se rétablit et elles se font une reine.

Le 4 juillet 1824, j'avais un second essaim
dans ce cas ; je lui ai donné une reine enfermée
dans son alvéole, la tranquillité s'est rétablie ;
mon jeton a réussi.... C'est Schirach, un Saxon,
qui a découvert en 1767, ou 1769, que les abeilles
ont la faculté de se faire une reine avec un
ver de neutre de trois jours, disait-il. Mais Huber a découvert et démontré qu'elles en font
avec des vers de deux jours, de vingt-quatre
heures, et de quelques heures. J'en ai fait faire
une de cette manière en 1823, sans y ajouter foi;
mais il faut se rendre à l'évidence.

11. D. *Si, dans une ruche-mère, on soup-*

*çonne que la reine ait péri, comment, sans alvéole de reine, peut-on lui en faire faire une?*

R. C'est, comme on vient de le voir, avec du couvin de neutre, car l'abeille ouvrière ou neutre est femelle. On prétend que c'est l'effet seul d'une nourriture différente, qui fait qu'elle n'est pas toujours femelle. Ne pourrait-il y avoir d'autres causes? Une castration, par exemple, en pinçant la larve à certain endroit, avant qu'elle ne se métamorphose en nymphe, et par-là lui ôter l'ovaire!

C'est ici un de ces phénomènes de la nature. Dieu a voulu montrer la grandeur de sa puissance jusque dans la création d'un faible insecte. Il est certainement bien étonnant qu'un ver qui n'aurait donné qu'une ouvrière neutre, devienne une reine femelle, qui peut pondre de 30 à 60,000 œufs dans un an. M. Féburier ne doute pas que dans les pays chauds cela ne puisse aller au triple. Cependant cela peut s'expliquer, en supposant ou que l'ovaire n'a point encore été oblitéré, ou qu'il se développe par la différence de nourriture. Mais ce qui est le plus étonnant c'est que les pattes de derrière de l'ouvrière ont de petits creux qu'on appelle palettes, espèces de corbeilles pour rapporter le pollen. Elles ont aussi la petite brosse à chaque patte. La reine n'a rien de tout cela, parce qu'elle n'en a pas besoin, n'allant pas aux champs. Le dard de la reine est un peu courbé; celui de l'ouvrière est droit. Cependant ces deux êtres sortent et de mêmes œufs et de mêmes vers. J'ai combattu long-temps cette vérité, parce que je ne pouvais la comprendre. Combien de vérités ne nions-nous pas souvent

parce que notre faible raison ne peut les comprendre ?.... voilà l'homme !...

12. **D.** *Dans quel temps les abeilles de cer-
taines ruches ne pourraient-elles pas faire
une reine, si on ne les aidait ?*

**R.** C'est si la reine venait à mourir quand elle
est dans sa grande ponte de mâles depuis sept à huit
jours ; il n'y aurait plus alors de larves d'ouvrières
de trois jours. Dans ce cas, il faut chercher une
reine ou du couvin de neutre ailleurs. La reine
est dans sa grande ponte de mâles pendant trente
jours ; les vingt premiers jours elle ne pond que
des mâles, et les dix autres elle pond alternative-
ment des œufs de l'un et de l'autre sexe. Si
les abeilles ne rapportent plus de pollen au printemps, la reine est morte l'hiver.

En parlant de reines, le ministre Christ dit,
dans la troisième édition de son ouvrage imprimé
à Leipsick en 1798, dix ans après que Huber
eut découvert que la reine se faisait féconder dans
le vague des airs. Il dit : « Au commencement
» de l'année, le 3 janvier, j'aperçus devant une
» de mes ruches une reine morte qui était mu-
» tilée aux ailes ; je jugeai qu'elle appartenait à
» la ruche devant laquelle elle était morte ; je
» réunis cette ruche à une autre, et le lendemain
» je trouvai une reine tuée ; donc mes ruches
» avaient chacune la leur. »

Il est bien étonnant qu'une reine surnuméraire
se soit trouvée là dans ce temps : il le dit, cela
doit être ; mais s'il eut su qu'une reine mutilée ne
pouvait se faire féconder, il n'aurait pas fait cette
faute. Il dit qu'il serait beau de découvrir la
vraie manière que les abeilles emploient pour la fé-

condation... Et cette découverte était faite. Il était déjà vieux, il est peut-être mort sans l'avoir appris. Nous sommes plus heureux ; profitons-en.

13. **D.** *Dans quel temps serait-il inutile de faire faire une reine aux abeilles ?*

**R.** Il serait inutile de leur faire faire une reine à la fin d'août ; comme il n'y a presque plus de mâles, avant que cette jeune reine puisse se faire féconder, il serait trop tard. Le plus court, c'est de détruire les ruches qui sont dans ce cas ; on peut se servir de la population en la donnant à une ruche faible, si on en a.

14. **D.** *Quelle est la meilleure manière de faire un essaim artificiel ? quand doit-on le faire pour ne pas contrarier la nature ?*

**R.** D'abord il ne faut faire les jetons artificiels que lorsqu'il y a un excédent de population dans la ruche. Il faut qu'il y ait des alvéoles de reines, sinon fermées, du moins bien avancées, et toujours qu'il y ait dans la ruche des mâles en état d'insecte parfait, c'est-à-dire qui puissent voler. L'heure la plus favorable pour procéder aux jetons artificiels, c'est depuis neuf heures du matin, jusqu'à trois heures après-midi : j'en ai fait à quatre heures. Je connais un mouchetier qui m'a assuré que, pour ne pas propager son talent, il faisait ses essaims à l'heure du hibou ; je lui en ai fait compliment de condoléance.

Pour opérer, on met les abeilles en état de bruissement (je dirai ce que c'est). On enlève la ruche et on la remplace par une ruche vide, pour amuser les abeilles qui reviennent des champs. On porte la ruche pleine à quelques pas de distance, on la retourne et on la pose sur un trépied que l'on fait faire selon sa taille , et au haut duquel il y a un cercle ou un cadre de bois de la forme des ruches et dans lequel le haut de la ruche doit entrer pour être bien soutenue. (Ce trépied est un meuble indispensable pour faire les jetons , pour la coupe du miel et de la cire.) On la recouvre de suite d'une ruche préparée , et on enveloppe avec un linge les deux ruches au point de jonction. On frappe la ruche pleine dans la partie la plus basse avec des baguettes ; on bat en remontant. Quand on entend un grand bruit dans la ruche supérieure , on détache le linge pour voir de quel côté montent les abeilles. Pour ne pas interrompre la chaîne qu'elles forment ; on l'élève un peu du côté opposé à cette chaîne ; si le quart ou le tiers de la ruche est rempli, on sépare les deux ruches , on porte la mère à sa place , et on met le jeton à une certaine distance. Dans aucun cas , on ne doit mettre un essaim auprès de sa mère ; les abeilles pourraient y rentrer. Un de mes voisins qui avait fait cette faute a asphyxié son jeton ( l'a fait mourir faute d'air ), en bouchant seulement la ruche avec du papier gris.

Cette opération peut durer un quart d'heure. Elle n'est pas difficile : j'en ai fait faire six en 1824, par deux jeunes gens , l'un de vingt-trois ans, l'autre de seize; ils ont toujours réussi et jamais ils n'en avaient fait ni vu faire. On suit le même

---

(1) Je fais passer les mouches d'une ruche ronde dans une ruche carrée en couvrant les intervalles avec des serviettes.

procédé, quand on veut faire passer toutes les abeilles d'une vieille ruche dans une plus propre, ou plus commode.

15. D. *Si on a des jetons faibles, que doit-on faire?*

R. On doit les réunir. On met la plus forte, la meilleure ruche en état de bruissement, on la place renversée sur le trépied; on asphyxie un peu les autres avec de la fumée de vesse de loup, espèce de champignon que l'on fait sécher, et qu'on bat pour le rendre chanvreux. On coupe les rayons, on fait tomber les mouches sur un plateau, et on les balaie dans l'autre ruche. Si le jeton est faible, l'état de bruissement et la fumée de tampons ordinaires peuvent suffire. Je donnerai la manière de les faire.

Il est bon, et même nécessaire, pour plus de sûreté, d'asperger préalablement avec du sirop ou du miel délayé les mouches de la ruche qui reçoit la réunion. Si on a deux faibles ruches à la Bosc, on chasse les abeilles d'un côté de chaque ruche, et on réunit les côtés garnis d'abeilles. On chasse les abeilles dans l'un à droite, et dans l'autre à gauche. Quant aux ruches Lombard, on peut réunir de deux manières; d'abord en chassant les abeilles du couvercle de la ruche où l'on veut faire la réunion, et en le remplaçant par celui de l'autre, après y avoir fait entrer les abeilles au moyen de la fumée; ou, sans détacher le couvercle de la ruche où on veut ajouter des abeilles, on y fait entrer les autres par le moyen indiqué pour les ruches ordinaires en paille.

16. *D. Que doit-on faire du troisième es-saim d'une ruche ?*

R. Il faut toujours le réunir à sa mère le même jour qu'on l'a amassé. On laisse jusqu'au soir le jeton à la place où on l'a pris. Alors, vers sept à huit heures, on met la mère-ruche renversée sur le tré-pied et on tape tout bonnement le jeton dedans ; ensuite on remet la ruche à sa place. Il n'y a rien de plus facile que cela, pour peu que l'on ait pratiqué la culture des abeilles.

17. *D. Doit-on nettoyer souvent les mou-ches, ou le moins possible ?*

R. On doit les nettoyer très-souvent depuis la fin de février jusqu'à la fin de mars, au moins tous les quinze jours. M. Féburier dit : « Une ruche doit être visitée tous les deux jours ». Ce sont les ruches faibles, ou de vieille paille, et la vieille cire, que les fausses teignes atta-quent plus volontiers : et, après l'homme mal-propre et insatiable, c'est le plus grand ennemi de l'abeille (1).

C'est ici que l'on voit l'avantage des ruchers où l'on peut opérer par-derrière. On soulève doucement la ruche et l'on cherche s'il y a des vers de teigne entre le cordon et le plateau. S'il n'y

______

(1) Vient ensuite l'hirondelle. J'en ai tué tout cet été ainsi que mes fils, et toujours nous les avons trouvées rem-plies d'abeilles ; ainsi je recommande cet oiseau aux ama-teurs d'abeilles.

Ne craignez pas le moineau ; le moineau ramasse seule-ment les vers de teigne, les nymphes et les larves jetées ; et jamais je n'ai vu les abeilles, celles même qui se traînaient languissamment, être enlevées par le moineau.

en a pas, on rabaisse doucement la ruche ; s'il y
en a, on la marque : et quand on a fait son ins-
pection, on nettoie toutes les ruches marquées.
Cette opération doit se faire comme je le dis, au
moins tous les quinze jours.

Je vois dans mon journal, que j'ai eu deux
jetons le jour même que j'avais nettoyé les ruches (enfumé et lavé) et deux le lendemain ;
preuve de plus contre les ignorans qui disent : Il
faut voir les ruches très-rarement, de peur de les
gêner. C'est une grande sottise, car cette opération
peut faciliter le jet. Ceci m'a bien l'air d'être un en-
fant de la paresse, comme tout à l'heure vous en
verrez un de la lésine. Vous ne voyez pas assez
souvent vos abeilles, vous n'en avez aucun soin ;
elles ne vous connaissent pas, elles vous chassent.
Cet insecte est reconnaissant, il aime celui qui
le soigne. C'est à l'homme seul qu'il est réservé
d'être ingrat et souvent méchant envers son
bienfaiteur !

18. **D.** *Doit-on visiter souvent les abeilles ?*

R. On doit visiter les abeilles tous les jours,
quand on le peut; tenir toujours le rucher propre,
sans souffrir ni poussière, ni toile d'araignées. Partout la propreté est bonne, mais ici elle est de
première nécessité. Par-là, vous rendrez vos abeilles familières ; les miennes le sont au point que
je fourre mon doigt dans toutes mes ruches
quand on veut les voir ; les mouches me passent
sur la main et travaillent ; je m'amuse même à
les semer, pour montrer qu'on en fait ce que
l'on veut.

( 44 )

19. **D.** *Doit-on enfumer les mouches, et quand, en général, doit-on craindre de les enfumer ?*

R. On doit enfumer les abeilles au printemps pour chasser l'air méphitique ( corrompu ) (1). On doit les enfumer pour toute opération , et gé-néralement on ne doit pas craindre de le faire. J'ai vu des mouches dans l'inaction ( non chez moi ), qui, après avoir été enfumées, allaient très-bien. Voici comme je fais mes fumerons, que nous appelons sinces. Je prends de la toile grise de vieux sacs, dans laquelle je roule des herbes aromatiques , telles que mélisse, lavande, sa-riette , thym, serpolet, sauge, etc. , le tout séché à l'ombre. Vous me direz , nous n'avons pas de tout cela. Eh bien , attendez que vous en ayez , ce qui est très-facile, surtout l'hyssope, la mélisse et la sariette, qui viennent partout ; en attendant, prenez de la bouze de vache séchée et réduite en poudre, et un peu de paille d'avoine. Ces sin-ces doivent avoir la grosseur du bras.

20. **D.** *Pourquoi les abeilles doivent-elles toujours avoir grandement de quoi vivre ?*

R. Les abeilles, pour prospérer , doivent tou-jours avoir grandement de quoi vivre , sans quoi elles jettent le couvin avorté faute de vivres , et je ne doute pas qu'elles ne mangent ou qu'elles ne jettent les œufs dans le cas de pénurie. Ecou-tons M. Féburier : « En 1810, j'avais vingt-deux » essaims à qui je donnai environ trente-cinq livres » de miel qui me restaient , et que je crus devoir

_________________

(1) L'air n'est jamais corrompu dans une ruche lorsqu'on n'a pas négligé les ventilateurs.

» suffire ; je me trompai, j'en perdis deux. Un
» de mes voisins en possédait vingt-quatre, à
» qui il fournit environ cent quarante livres de
» miel ; il ne perdit pas un essaim ; ses abeilles
» déjà multipliées se défendirent au printemps
» contre les fausses teignes (que vous nommez arti-
» sons) qui attaquèrent trois de ses ruches. Dès le
» 10 mai, ce cultivateur eut des essaims, et à la fin
» du mois, il avait trente nouvelles ruches com-
» posées de vingt-trois premiers essaims et de
» quatorze seconds dont il avait réuni deux en-
» semble pour les rendre plus forts ; à l'automne
» toutes ses ruches étaient en bon état. Mes
» abeilles n'essaimèrent qu'au mois de juin ; je
» n'eus que neuf essaims dont deux très-faibles
» pour des premiers ; et l'été n'ayant rien valu
» pour les abeilles, les miennes en général sont
» très mal approvisionnées. Les fausses teignes ont
» attaqué deux de mes ruches et les ont détruites.»

Quel profit dut faire celui qui avait bien nourri ses mouches ! L'année d'ensuite était 1811,
extrêmement abondante en miel. Il faut donc,
pour bien faire, que les abeilles soient toujours
dans l'abondance. Vous pouvez faire des sirops
nourrissans avec les mauvais fruits de vos jar-
dins, comme pommes, poires, prunes, en ôtant
les noyaux. Vous coupez vos fruits par morceaux, vous râpez des turneps ( disettes ) et
des carottes ; vous y ajoutez quelques coings si
vous en avez ; vous faites cuire cela ( dans un
chaudron d'airain ) avec de l'eau ou de la lie
de vin, après l'avoir tordu dans une espèce de
sac. Quand cela est cuit, vous pressurez le tout
après l'avoir vidé dans un sac ; puis vous le faites

recuire avec un peu de vin, si vous n'avez pas
employé de lie. Vous ajoutez un peu de miel;
vous écumez, vous mettez par livre, dans tout ce
que vous faites pour les mouches, un gros ou
un gros et demi de sel. Quand tout cela est en
en consistance de sirop, vous le mettez dans des
pots. Si ce sirop vient à moisir, vous le recuisez, ou
vous le mettez au four; un peu d'usage vous mettra
au fait. Il faut donner aux abeilles, dès la fin de septembre ou au commencement d'octobre, la quantité de miel et de sirop nécessaire pour l'approvi-
sionnement d'hiver, par livre à la fois; parce que si
vous donnez peu à peu, comme le dit M. Féburier,
la cueillette de ce miel les mettra en mouvement,
augmentera la chaleur de la ruche, et la consom-
mation sera plus grande. Je me sers, pour leur
donner à manger, de vases de fer-blanc. Avec
une feuille on en fait deux. Les rebords ont dix
lignes; s'ils entrent un peu dans les rayons, cela ne
fait rien; on met quelques brins de paille dans
le même sens que les rayons. Il faut avoir soin
de diminuer l'entrée des ruches auxquelles on
donne à manger.

Pour être plus sûr de son fait, il faut peser ses
ruches. Supposons une de nos ruches ordinaires
en paille:

Paille . . . . . . . . . . . . . . . . . . . . . 7 liv.
Pesée d'octobre : poids des mouches. 4
Cire, etc. . . . . . . . . . . . . . . . . . . . 2
____
13

Si votre ruche en pèse 25 vous avez 12 livres de
miel, ce qui suffit pour passer du 15 octobre
au 1ᵉʳ avril, et plus si l'hiver a été sec et froid.

Un Anglais (J. Hunter), en 1776, le 3 novembre, mit une ruche sur une balance pour voir jour par jour ce que ses mouches mangeraient, et jusqu'au 9 février 1777, elles ne mangèrent que trois livres trois quarts.

J'entends dire que quand les mouches rapportent, il ne faut pas les nourrir, parce que cela les rend paresseuses. Ici l'homme a jugé l'abeille d'après l'homme, et il s'est trompé. J'ai l'expérience du contraire. Le ministre Christ est venu confirmer mon observation; il affirme que, quoiqu'une ruche ait tout ce qu'il lui faut pour vivre et même plus, si on lui donne à manger elle travaille avec plus de courage, elle essaime bien plus tôt. « Au lieu de » la rendre paresseuse, dit-il, c'est tout le contrai- » re: *es ist gerade das gegentheil* » L'année 1821 a été très-mauvaise pour les abeilles, dans ce pays du moins ; une femme avare avait douze paniers : je lui dis au commencement de 1822 qu'il fallait donner à manger à ses mouches... Elles rapportent, elles rapportent, me répondit-elle, elles n'ont besoin de rien... Je lui dis qu'elles ne rapportaient que du pollen, qu'il n'y avait pas encore de miel. L'avarice l'empêcha de comprendre. Onze de ses ruches périrent de faim, tandis que j'obtins considérablement de miel, ainsi que ceux qui suivirent mes conseils; et en 1823, celle qui lui restait fut détruite par les teignes. Voilà l'effet de l'avarice et de la mal-propreté. Ce fut une perte de trois à quatre cents francs, tant les ruches que le miel ; et cette perte aurait pu être évitée avec trente francs, et un peu de soin.

Je n'avais pas voulu parler d'une nourriture que j'ai trouvé dans des notes sur l'anglais Hall.

Il parle de nourrir les abeilles avec de la bière fine et du pain blanc. J'ai fait une expérience en 1823, sur une ruche.

Vers le commencement d'Août, j'écartai la reine qui, fécondée à contre-temps, pondait plus de mâles que d'ouvrières. Les abeilles se firent une reine ; elle devint féconde en ouvrières ; mais la saison était trop avancée. Les mouches mangèrent tout ce qui était 'en magasin et tout ce qu'elles rapportaient pour nourrir le couvin, de manière qu'au commencement d'octobre, ma ruche en paille ne pesait en tout que treize livres et demie. Voici ce que je fis : je mêlai peu à peu trois cinquièmes ( en volume ) de mélasse avec deux cinquièmes de lait très-chaud ; je donnai cela aux mouches. Après avoir employé ainsi cinq livres de mélasse, les abeilles ne descendirent plus pour manger ; ma ruche pesait dix-sept livres. Elle périt du 15 au 17 janvier 1824. Il ne restait absolument rien dans les rayons qui tous étaient secs ; donc cela avait nourri les abeilles l'hiver. Si j'avais commencé de leur donner cette nourriture un mois plus tôt, la ruche aurait pu être sauvée.

Voici une nourriture employée par le ministre Christ. Vous prenez 42 livres d'orge, ou plutôt de froment ; vous en faites de la drèche séchée à l'air ; le premier brasseur vous fera cela. Vous la faites égruger ( grossièrement concasser ) ; vous versez là-dessus autant d'eau tiède qu'il en faut pour obtenir une pâte claire ; vous remuez, afin que rien ne reste sans être imprégné d'eau. Vous mettez cela dans un grand cuveau qui a un trou pour pouvoir tirer (*zapfen*); je crois que ce trou doit être au-dessus du volume de drèche. Vous versez là-dessus trente-deux pots de Francfort d'eau bouillante : ce qui peut faire cinquante-trois ou cinquante-quatre litres ; vous remuez le tout sans discontinuer pendant une demi-heure, vous le recouvrez et laissez reposer une heure ou une heure et demie. Vous le tirez de là dans un vase pour éclaircir. Lorsque tout est précipité, vous faites cuire pendant une demi-heure le bouillon que vous avez tiré au clair ; après, vous versez ce bouillon dans un vase pour le laisser refroidir et reposer ; vous le passez ensuite dans une étoffe de laine pour ôter toutes les parties de farine ; vous le remettez sur le feu : sitôt qu'il commence à cuire, sur environ trois litres vous mettez une livre de miel. Si le miel vous manque, mettez, dit-il, six onces de sucre et quatre onces de miel, et laissez réduire le tout aux deux tiers. Il dit que cette nourriture rend les abeilles vives et fortes.

*Nourriture d'Engel.* On fait dissoudre du miel commun dans du vin doux, dans la proportion d'une livre par bouteille ; on y ajoute deux parties de farine de froment ( je crois qu'il veut dire deux livres ), et une poignée de sel ; faites bouillir doucement le mélange jusqu'à la consistance de bouillie épaisse ; on conserve cela dans des pots, à la cave.

*Autre Nourriture.* Prenez de la farine de maïs ( blé de Turquie ) mêlez-la avec partie égale de miel ; faites-en une pâte, que vous mettez sécher, et que vous pilez ensuite en la réduisant à sa première forme de farine : les abeilles se nourriront avec plaisir de cet aliment substantiel et agréable, en place de pollen.

Quoique la table de l'abeille soit bien garnie des fleurs du printemps, quoique sa maison soit remplie de vivres, elle ne prend jamais au-delà de ce qu'il lui faut. Si, par des jours électriques, la nature paraît donner le miel avec excès, et l'abeille en prendre de même, ce n'est pas pour elle, c'est pour le rapporter à la famille et le mettre dans les alvéoles où elle le vomit.

L'abeille, un des beaux dons du Créateur, ne vit pas pour manger..... Elle ne mange que pour vivre, et ne vit que pour être utile !...

Jeune homme qui me lis, soit que tu cultives l'abeille, ou que tu ne la cultives pas, mange de son miel ; sois sobre, sois sage, tu te porteras bien, tu vivras long-temps (1) ; et si, en passant par les tribulations de cette vie, tu vis pour faire le bien, tu auras l'estime de toi-même, tu seras heureux même dans le malheur !

21. D. *Est-il dangereux de donner beaucoup de vin aux abeilles, et pourquoi ?*

R. Il faut du vin aux abeilles, au printemps ; surtout à celles qui ont le flux ; et je crois que le manque d'air en hiver est la principale cause de cette incommodité, si ce n'est pas la seule. Voilà

_______________

(1) Le philosophe Démocrite, l'un des plus grands hommes de l'antiquité, attribuait sa longévité (109 ans) et sa force, à l'usage constant qu'il avait fait du miel.

pourquoi j'ai inventé le ventilateur; je dis inventé, parce que j'en avais fait, avant de l'avoir lu nulle part. Je trouve dans mon journal, en date du 25 mars 1824 : On donne généralement trop de vin aux abeilles dans ce pays-ci; qu'arrive-t-il ? animées par le vin, elles seront vives, sémillantes, cela sera charmant ; elles iront de bon cœur aux champs, mais...... Saisies par le froid du soir, elles ne reviendront plus ! Cela est arrivé comme je l'avais prédit. C'est ainsi que les ivrognes, qui voyagent par le froid après avoir trop bu, se couchent et s'endorment pour ne plus s'éveiller !

D'autres leur donnent....., je ne veux pas nommer ce qu'ils leur donnent ; c'est une infamie, un vol manifeste, puisqu'elles vont piller. Souvenez-vous que le bien d'autrui ne profite jamais !...

Voici un sirop pour purger et fortifier les abeilles au printemps, et avoir des essaims précoces. Huit bouteilles de vin vieux, ou quatre à cinq bouteilles de vin cuit, huit livres de miel, deux à trois livres de cassonade. On fait bouillir le tout dans un chaudron d'airain ou de cuivre, à petit feu; on l'écume et on le réduit à la consistance de sirop. Cela se conserve dans des bouteilles à la cave. Rien de mieux pour fortifier les abeilles, et contre le flux ; mais je trouve la dose de vin un peu forte.

22. D. *Si, en février ou en mars, les abeilles sont engourdies par le froid ou la faim, ou par l'un et l'autre, que doit-on faire ?*

R. L'année 1823 a été très-mauvaise pour les abeilles, et ce n'est pas trop dire que les trois quarts sont mortes en Lorraine. J'ouvre mon

journal , et voici comme j'ai procédé. Le 1ᵉʳ février il ne restait presque plus rien aux mouches
du rucher qui touche à mon habitation ; d'autres ,
que j'avais situés plus heureusement, n'ont eu besoin
de rien. Le temps était beau : j'ai pris du vin cuit ,
un bon demi-verre, du sucre, gros comme la moitié d'un œuf, une cuillerée d'eau-de-vie fine, deux
ou trois cuillerées de miel de Bretagne qui était cuit
et écumé ; le tout bien mêlé et chauffé. Je donnai
cette dose pour chaque ruche. J'enfumai fortement
les abeilles , puis , tournant les ruches au soleil
sur le trépied, je les aspergeai de cette compo-
sition avec un pinceau. Il ne faut pas que cela soit
trop épais. Les ruches à leur place , je les ai bouchées jusqu'au lendemain à dix heures, ( avec un
chardon à bonnetier , dit peigne-de-loup) mais
pas trop fort. A dix heures , je les ai ouvertes ; les
abeilles étaient vives, et nettoyaient leurs ruches des
corps morts. Depuis, je les ai nourries grandement:
dix-sept ruches ont eu soixante-quatre livres de miel
commun de Bretagne, et quarante-sept livres de sirop que j'avais fait avec du vin , des fruits, des turneps, le tout cuit avec l'écume du miel , et pour
chaque livre , un gros et demi de sel. Les premiers jours d'avril ayant été froids et neigeux
jusqu'au 12, j'ai recommencé mes fumigations
et mes aspersions pour plusieurs ruches. Aucune
des ruches qui me restaient au 1ᵉʳ février n'a
périe. J'en ai sauvé deux qui étaient abandon-
nées par leurs propriétaires. Ces deux-là en font
cinq aujourd'hui ; une était réputée morte au 5
mars ; c'était un jeton de 1823. Je crois que ceci
est clair et positif : j'ai doublé mon rucher.

23. **D.** *Quel est le moyen de rendre les abeilles dociles pour la coupe ou pour toute autre opération ?*

**R.** C'est à M. Bosc, membre de l'Institut, que nous devons cette méthode, qui est parfaite. Je l'en remercie, ainsi que M. Féburier à qui j'en dois la connaissance. Voici comment M. Féburier s'exprime :

« On sait que la mère abeille ( ce que vous
» appelez le roi, le guidon ) est très-vigilante,
» et qu'elle accourt dans la partie de la ruche
» où il y a le moindre bruit. On frappe quelques
» petits coups dans la partie de la ruche où on
» veut attirer la reine et les abeilles ; on pré-
» sente à l'entrée le fumeron, et on y dirige la
» fumée pour empêcher la sortie des abeilles ;
» elles arrivent en foule à la porte ; alors on
» frappe fortement la ruche et on souffle sur la
» fumée pour la faire entrer dans la ruche. Si
» on a bien opéré, les abeilles remontent, en-
» tourent leur reine qu'elles croient en danger,
» et celles qui ont les ailes libres font un bruit
» sourd, ce qui a fait dire à M. Bosc, qu'elles
» sont en état de *bruissement ;* on soulève
» ensuite la ruche et on l'enfume, ce qui étourdit
» les abeilles. »

J'ai rendu paisibles par ce mode les mouches les plus indociles. Il faut frapper comme un petit tocsin, plus ou moins selon la quantité de population , et l'éducation qu'auront reçue les abeilles. J'ai opéré sur une ruche dont le pro-priétaire ne pouvait approcher ; il ne parlait que de la méchanceté de ses mouches. Je les ai ren-

dues dociles, au point de lui mettre la ruche
sous le nez. Ni lui ni moi n'avions de masque,
et nous étions au mois de juin.

24. D. *Comment doit se faire la récolte du
miel ?*

R. Il faut d'abord mettre les mouches en état
de bruissement. Vous renversez ensuite la ruche
sur le trépied, au soleil et à quelque distance ;
vous placez au côté opposé au miel une écorce
de sapin de la forme d'une tuile creuse, ou une
planchette : je préfère l'écorce, parce qu'un
corps concave contient plus de mouches qu'un
corps plat. Vous soufflez la fumée entre les
rayons où est le miel ; vous frappez contre la
ruche. Les mouches se retirent du côté de
l'écorce et l'ont bientôt remplie, si la population est forte. Vous ne coupez que quand il
n'y a plus de mouches où est le miel. Cette opération n'est pas difficile. J'ai eu un élève en 1824
qui, à la seconde ruche, a parfaitement coupé
sans masque et sans gants. Il y avait là vingt personnes et aucune n'a été piquée par l'effet de l'état
de bruissement.

Il faut en replaçant votre ruche en diminuer
beaucoup l'entrée soit avec un petit caillou, soit
avec une plaque de fer-blanc, etc. Ne laissez rien
des débris autour du rucher, à moins que vous ne
soyiez le seul qui ait des ruches à quinze ou vingt
minutes de distance. Il n'est pas de cultivateurs
d'abeilles qui n'ait vu souvent, après la coupe, de
terribles batailles ; cela est très-facile à éviter.

Tout le monde sait que pour prendre le miel

( 55 )

il faut avoir un masque en fil de fer, garni d'une espèce de camail ; un couteau droit qui au lieu d'avoir une pointe, a treize à quatorze lignes de largeur au bout, coupant aussi un peu de chaque côté à deux ou trois pouces du bout ; un autre dont la lame large de huit à neuf lignes soit un peu courbée à la pointe ; il est bon d'avoir des guêtres ou des bottes.

Il ne faut pas faire de grands mouvemens lorsqu'on travaille les abeilles ; ceux qui croient se défendre en les chassant de la main sont les premiers piqués. Agissez avec douceur, tranquillité, et surtout hardiment.

25. D. *Doit-on couper net les rayons jusqu'au haut de la ruche, ou doit-on laisser un peu de rayons ?*

R. La propolis qui sert à attacher les rayons étant souvent rare et difficile à employer, il vaut mieux laisser les attaches avec un peu de rayons ; on voit que les mouches rebâtissent plus tôt que si on raclait avec une cuiller, comme plusieurs personnes ont coutume de le faire. La propolis est une résine très-difficile à manier, qui finit par devenir très-dure. Le sapin doit en donner beaucoup, ainsi que l'acacia gommeux. Ma maison étant entourée de peupliers, la propolis que mes mouches font en ont tout-à-fait l'odeur. J'ai vu l'abeille en chercher sur la poix dont on se sert pour entourer une greffe (1).

_______________

(1) Une petite boulette de propolis, mise dans le trou d'une dent, empêche la douleur.

26. D. *Quel est le meilleur moyen pour empêcher le pillage ?*

R. Le meilleur moyen d'empêcher le pillage,
c'est d'avoir des ruches bien soignées. Souvent
les abeilles mal soignées de vos voisins vous font
beaucoup de tort. Si vous voulez voir en février ou
en mars si vos ruches sont bonnes, frappez deux
ou trois petits coups dessus ; si vous entendez
un son étouffé et répété, votre ruche a bonne
garnison et vivres. Si le son est faible et aigu,
ayez-en soin. Si la population est faible, réunissez-
en deux, il n'y a rien de mieux à faire. C'est
une riche pauvreté que d'avoir beaucoup de ruches quand elles sont faibles ; vous n'avez rien,
elles se pillent.

J'ai pour voisin un curé qui gouverne assez bien
les abeilles ; il ne souffre jamais de faibles ruches.
Après 1821, qui était une mauvaise année,
il avait chez lui une douzaine de ruches ;
au printemps, il les réunit et n'en fit que
huit. Il m'a assuré que ces huit ruches ainsi
fortifiées, et dont il eut soin, produisirent plus
que quarante que possédait un particulier dans
le même village. Il est prouvé qu'une ruche faible, qui n'a que huit à dix mille abeilles, ne fait
pas le quart d'une qui en a de dix-huit à vingt
mille. Le ministre Christ dit : Si vous avez trente
ruches dans une mauvaise année, réunissez-les,
n'en faites que quinze, que dix, vous serez beaucoup plus riche.

Je connais un propriétaire qui avait près de
70 ruches en 1823 ; de 1823 à 1824 il ne

lui en est resté que huit. S'il les eût réunies en août ou septembre 1823 , ou février 1824 , comme je l'ai fait, il aurait pu en sauver trente ; il eut obtenu comme on voit un grand avantage. Un autre qui en avait dix-neuf a tout perdu.

Je suis persuadé que huit à neuf mille abeilles mangeront autant pendant l'hiver que quinze mille. Celles-ci auront chaud sans prendre tant de mouvement , tandis que les autres , qui sont obligées de se mettre en grand mouvement pour ne pas avoir froid , mangent davantage ; n'ayant plus rien , elles pilleront. J'ai été l'hiver à minuit, à une heure, par un grand froid , au clair de la lune ( les abeilles dans ce cas font toujours beaucoup de mouvement ) , voir mes abeilles ; les paniers les plus peuplés faisaient toujours le moins de bruit.

27. D. *Si le pillage est commencé , que faut-il faire ?*

R. Si le pillage est commencé , fermez votre ruche ; emportez-la à vingt ou trente minutes de chemin. Là, les pillards n'iront pas les chercher. Dans deux cas semblables , en 1822 et 1823, j'ai porté la ruche attaquée à un bon quart de lieue dans un bois, et chaque fois l'ai sauvée. Une était pillée, parce qu'elle était riche , et l'autre , faute de reine. Je lui en ai fait faire une à la Schirach ( sans y croire). Je pensais avec Needham , qu'elles pouvaient avoir des œufs de reine en magasin ; c'est une erreur.

Il faut mettre à la place de la ruche pillée , pour que les voleuses n'en attaquent pas d'autres , une ruche avec de l'eau miellée , soit dans des rayons (1) ou dans une assiette. Poudrez les pillardes, pour voir à qui elles sont, et forcer le propriétaire à les nourrir. Si c'est une de vos ruches qui vous pille, il faut emporter la pillarde.

Si votre voisin ne veut pas nourrir sa ruche, le ministre Christ donne les moyens d'en empoisonner les abeilles. Il emploie l'hellébore blanc mêlé avec le miel; mais il vaut mieux s'arranger; la paix est une belle chose. Je crois que la loi pourrait forcer le propriétaire des pillardes à les éloigner à une demilieue. Si tout le monde a soin de ses mouches, il n'y aura plus de pillardes. L'homme riche peut être voleur, mais à coup sûr l'abeille riche ne le sera pas. Hélas! l'homme est ici au-dessous d'un insecte.... Le temps où le pillage est le plus à craindre, c'est à la fin de l'été et surtout au commencement du printemps.

28. D. *Est-il dangereux de laisser piller une ruche totalement?*

R. Il serait très-dangereux de laisser piller totalement une ruche sur place. Mieux vaut asphyxier avec le soufre amis et ennemis, lorsqu'on s'est aperçu trop tard du pillage; car, semblables aux voleurs qu'on laisse dans l'impunité, nos pillardes recommenceraient sur une voisine.

29. D. *A quelle distance vont les abeilles pour vivre?*

R. Huber, l'historien véritable de l'abeille, lui

-----

(1) On peut employer les rayons pour donner à manger; on doit en conserver de vides pour cela.

( 59 )

qui, quoiqu'aveugle, a découvert ( par les yeux
de François Brunens, son lecteur ) que la fécondation se fait dans le vague des airs ; lui, que mille
difficultés n'ont pas arrêté, qui a fait tant de
belles expériences, cet immortel aveugle, enfin,
a donné la solution de ce point, où l'Encyclo-
pédie s'est trompée ainsi que ceux qui l'ont suivie.
Ecoutez : M. Huber, à l'époque de la révolution, fut demeurer à Cour, près de Lauzane ;
il avait le lac de Genève d'un côté, et les vignes de
l'autre. La vigne ne donne presque rien aux mouches ; il s'aperçut bien du désavantage de sa position. Lorsque les vergers de Cour furent défleuris
et le peu de prairies fauchées, il vit les provisions de
ses mouches diminuer journellement, les travaux
de ses essaims cesser ( la cire se fait avec le miel ),
tellement que ses abeilles seraient mortes de faim
en été, s'il ne les eût secourues ; et son rucher,
d'une année à l'autre, fut entièrement ruiné :
pendant qu'à Renan, à la Chablière, au Bois-
de-Vau, à Cery, etc., lieux situés à une demi-
lieue de Cour, les abeilles vivaient dans l'abondance, et jetaient de nombreux essaims.

Il cite encore Vezai, même position qui ne
vaut pas mieux, tandis qu'à Haute-Ville et à
Chardonne, distans d'une demi-lieue, les abeilles y prospéraient. Si les abeilles pouvaient fran-
chir plus de la demi-lieue, celles de Huber
l'eussent fait plutôt que de se laisser mourir de
faim.

Quand on est dans des pays aussi peu favo-
rables aux abeilles, il faut y établir la culture

du sarrazin , du sainfoin , du pavot , de la navette, etc., s'il est possible. Il résulte de cette connaissance qu'on ne doit pas semer au-delà de 20 à 25 minutes de chemin pour ses abeilles. Il faut aussi vous attacher à connaître ce que votre canton peut nourrir de ruches à une demi-lieue à la ronde , et ne pas croire qu'on peut les élever partout par centaine. Cependant 100 ruches feront plus dans le même village étant isolées , que si on les avait toutes sur le même rucher.

Il y a des personnes qui ne veulent plus d'abeilles, parce que leurs pères , qui en avaient jusque 60 et 80 ruches , les ont toutes perdues, ou presque toutes dans une année ; la raison en est simple; il n'y avait plus de proportion entre la multipli-cation et la subsistance ; et si leurs pères eussent gardé 20 ruches au lieu de 60 , ils les auraient conservées. Il fallait en vendre , en placer ail-leurs, réunir ou détruire l'excédent , et avoir soin du reste.

30. D. *Peut-on apprivoiser les abeilles ? Si on le peut, comment doit-on s'y prendre; si on ne le peut pas, quelle en est la cause ?*

R. On dira que cette question est inutile ; cela peut être. On ne peut apprivoiser les abeilles, parce qu'elles ne peuvent vivre isolément. On a apprivoisé des souris, des araignées, parce qu'ici on n'a affaire qu'à un individu ; mais là il serait difficile de donner une éducation suivie à 20, à 40,000 mouches , et plus, qui sont dans une ru-che. Je crois que St. Cyrille plaisantait, quand il dit qu'en Orient on sifflait pour attirer les abeilles où il y avait des fleurs ; qu'un pâtre menait toutes celles d'un village aux champs. Ceci serait plus que familiariser , ce serait apprivoiser. On peut voir par la réponse à la 18e question combien on peut les rendre familières en les visitant souvent.

31. D. *Lorsqu'il y a de la miellée, du miellat, que les végétaux donnent du miel par exsudation (improprement appelée rosée de miel, car il n'y en a pas), là surtout où le tilleul abonde, que doit-on faire?*

R. C'est le cas de donner un peu de vin , mêlé de miel ou de sirop, avec du sel. L'Anglais Hall a découvert, il y a 60 à 70 ans, que les abeilles prospéraient et faisaient beaucoup mieux près des bords de la mer, et près des rivières salées que partout ailleurs. Depuis, il a toujours donné de l'eau salée à ses mouches : j'en donne journellement aux miennes pendant cinq mois, depuis le commencement d'avril jusqu'à la fin d'août.

32. D. *Le ventilateur aux ruches est-il bon, est-il nécessaire? Si on en établit, quand doit-on les ouvrir, et quand ne doit-on pas le faire?*

R. Le ventilateur est nécessaire , puisqu'il sert à changer l'air de la ruche. Dans les ruches en paille, je fais par-derrière un ou deux trous, gros comme le petit doigt; j'y introduis une cheville longue de 3 ou 4 pouces , et assez grosse pour le boucher; j'en place un à 2 ou 3 pouces, de hauteur, sa cheville me sert à lever la ruche pour voir ce qui s'y passe : je mets l'autre plus haut. On doit ouvrir les ventilateurs depuis 10 ou 11 heures du matin jusqu'à 1 ou 2 heures après-midi, les jours chauds d'hiver; les jours d'un beau temps, froid et sec, une demi-heure, plus ou moins. Ne heurtez pas la ruche; faites cela doucement. Ne les ouvrez pas par un temps humide, par un brouillard, ni en mars, quand la reine est en pleine ponte; la ruche est nettoyée, les abeilles ont besoin de toute la chaleur, et le mouvement renouvelant l'air, il n'y a plus besoin de ventilateur.

Croyez-moi, le ventilateur est très-nécessaire; depuis trois à quatre ans que j'en ai fait usage, mes abeilles n'ont plus le flux, comme quand elles étaient renfermées, selon la mauvaise manière du pays.

En février 1821, étant à la chasse, j'arrivai à une ferme isolée, dans une excellente position pour les abeilles : des prairies, des bois, des bruyères, de petits ruisseaux, des montagnes, à un petit demi-quart de lieue. J'y vis un très-beau rucher, auquel je fis une visite ; je fus très-étonné de trouver les ruches couvertes de haillons, et toutes fermées presque hermétiquement avec de la mousse. Le propriétaire me dit que son mouchetier le voulait ainsi, contre le froid d'hiver. Je lui déclarai que son mouchetier était un ignorant, qu'il étouffait ses abeilles. Je levai plusieurs ruches, tout le tablier était couvert de mouches mortes et comme pourries, je les balayai : j'ouvris d'autorité toutes les ruches, je lui dis de les nettoyer, comme il m'avait vu le faire. Je ne sais ce qu'il fit, mais deux ans après, je trouvai le rucher détruit. Il avait eu

34 à 36 ruches ; je lui dis : Voilà la suite de votre bonne administration ; il répondit à cela : « Je » n'étais pas le seul maître du rucher ; depuis » qu'un autre y a apporté des ruches, les miennes » ont péries, parce que les ruches de deux maî- » tres ne peuvent jamais prospérer sur le même » rucher. » La superstition et l'ignorance me chassèrent de là ; non sans avoir dit chaudement, et peut-être rudement , ma façon de penser.

Cette superstition règne particulièrement dans les Vosges , et presque partout on a une très-mauvaise manière de gouverner les abeilles. *L'air , la propreté, la nourriture à temps, voilà le grand secret.* Les haillons ne font pas de mal , quand on donne de l'air , il peuvent contrarier le pivert ; les ruches en bois ne le craignent pas.

Peut-être fermez-vous vos ruches , contre les souris , avec de petits cailloux , des fers-blancs à jour , ou de petites grilles de fil de fer. Mais certains jours d'hiver, qui sont beaux et chauds , ce serait leur faire plus de tort de les tenir fermées que de les ouvrir ; y eût-il même de la neige. Si les abeilles qui sortent tombent engourdies , on peut les ramasser , les réchauffer , elles retournent dans leur ruche ; il faut le faire aussi au printemps, quand, le soir, elles reviennent chargées, et qu'elles tombent devant le rucher. En un mot il faut de l'air; jugeons-en par nous-mêmes.

Ce qui m'étonne, c'est que des savans , des physiciens demandent ce qui vaut mieux , pour hiverner les abeilles , de les enterrer dans du foin, dans du sable , dans de la terre, etc. ; il y en a qui les enferment dans de l'avoine. Tout cela ne vaut rien , pas plus que les oiseaux séchés que les anciens mettaient dans leurs ruches , pour servir de duvets à leurs abeilles. On peut mettre en novembre, sous la ruche , un peu d'avoine ; cela tient le plateau plus sec. En 1821 , j'ai sauvé deux ruches , en mettant à chacune une livre et demie de cassonade sur de l'avoine. Par de beaux jours d'hiver , si les mouches sortent , nettoyez-les.

Un propriétaire des Vosges avait un superbe rucher ; on y travaillait par-derrière ; il y avait une chambre , un lit de repos. Il croit que pour conserver les abeilles l'hiver , il faut bien les fermer. De beaux châssis à coulisses sont faits pour fermer en avant. L'hiver de 1813 approche ; mon amateur ferme aussitôt ses ruches avec le chardon-à-bonnetier , dit peigne-de-loup : ce n'est pas assez selon lui , les châssis sont mis. Par un beau jour , à la fin de janvier 1814, il va ouvrir ruchers et ruches..... Tout est mort !... 3o à 4o paniers.

Cette leçon n'est pas assez pour lui : il va chez un ami , un an ou deux après ( chez M. Thirion à St.-Sauveur ) , ferme ses ruches avec le chardon-à-bonnetier : 12 ruches périssent sur 18 à 20. Il jette le manche après la cognée , et abandonne la culture des abeilles.

Pour rassurer ceux qui craignent le froid de ces pays-ci , je vais leur donner un petit extrait d'un voyage en Sibérie en 1733 , rédigé par le médecin Solnick. Il y a beaucoup d'abeilles en en Sibérie , et il y gèle à 36 degrés.

« Sur la route de Casan à Cathericubourg

» (au 56e degré de latitude nord), nous trou-
» vâmes plusieurs arbres qui sont comme au-
» tant de ruches à miel. Les habitans creusent
» le tronc d'un tilleul, d'un tremble, etc., de
» la longueur de 5 à 6 pieds ; à l'un des côtés,
» ils font une ouverture de 10 à 12 pouces de
» long sur 4 de large ; ils ferment cette ouver-
» ture avec une planche ajustée dans une cou-
» lisse, et ménagent de petits trous pour laisser
» entrer et sortir les abeilles. Ils pendent les
» ruches aux arbres sur le bord des bois........
» c'était en décembre.... »

C'est l'humidité qui tue vos abeilles. L'humidité de nos hivers, jointe à celle qui s'exhale
de leurs corps, voilà ce qui les tue. Ne craignez jamais nos froids, mais bien le manque
d'air et de vivres.

Christ dit avec raison : « Elles commencent par
« étouffer, puis elles gèlent.... » Car, vous savez
qu'un être mort n'a plus de chaleur ; j'en ai
même rencontré beaucoup de vivans qui n'en
avaient guère !...

Christ, qui a inventé la ruche à magasin,
décrie celle en paille. Il va jusqu'à dire qu'on
ne peut y donner de l'air aux abeilles ; et plus
loin il dit : « Par un heureux accident, des ru-
» ches en paille avaient des trous ; la gelée tint
» long-temps ; toutes les ruches qui avaient
» de l'air furent sauvées, et leurs voisines pé-
» rirent. » Si des ruches ont eu des trous
par accident, ce qui faisait le ventilateur
perpétuel, on peut donc en faire exprès. La
preuve, c'est que je l'ai fait.

33. D. *Quelle est la principale maladie des abeilles? Quelle est la manière de la prévenir et de la guérir?*

R. La principale maladie, ou pour mieux dire la seule, c'est le flux; la manière de la prévenir, c'est le ventilateur; le moyen de la guérir, c'est le sirop dont vous trouvez la recette à la réponse du numéro 21.

34. D. *Quelle est la ruche, ou les ruches préférables contre les poux des abeilles? quel est le moyen de les leur ôter?*

R. Les ruches préférables contre les poux des abeilles sont les ruches en bois de pin et de sapin, dit-on; elles y sont bien plus propres; et pour leur ôter les poux, il faut employer les fumigations et les aspersions. C'est au hasard que je dois cette découverte. J'avais des ruches pleines de poux ( j'ai eu la reine d'une en main, elle en avait trois); en aspergeant les abeilles pour les fortifier, ou pour mieux dire, afin de les nourrir, je me suis aperçu que les poux disparaissaient.

35. D. *Que doit-on employer pour laver le tablier, les bords de la ruche, afin d'écarter les vers de fausses teignes?*

R. Ayez sur votre rucher une petite écuelle, dans laquelle vous conservez de l'urine de sept à huit jours; vous couvrez votre vase, car les abeilles, friandes d'urine, iraient s'y noyer. Quand vous voulez nettoyer vos abeilles, ajoutez à l'urine du poivre pilé très-fin, bonne dose de sel, et du fort vinaigre. N'employez jamais de sel brut, cela ne sert à rien. Si vous voyez dans votre ru-che des cocons de vers de teigne, qui ressem-

blent à de la forte toile d'araignée, ôtez–les ;
ils finiraient par détruire votre ruche.

36. **D.** *Pourquoi y a-t-il des ruches dont la
population est moitié mâle et moitié ouvrière ?*

R. Huber a découvert que les jetons ( cela arrive au 2ᵉ, au 3ᵉ, etc. ) dont les reines ne sont
fécondées qu'après le 16ᵉ jour de leur naissance,
donnent autant de mâles que d'ouvrières. Il en a
obtenu ainsi, quand il a voulu, en retenant les
reines prisonnières. Si le mauvais temps a pu empêcher la fécondation, il faut réunir ces jetons ;
on asphyxie, on écarte la reine, et l'on opère la
réunion.

36 bis. **D.** *Pourquoi y a-t-il des ruches dont
tout le couvin est mâle ?*

R. C'est lorsque la reine n'a été fécondée qu'a-
près le 21ᵉ jour ; elle ne pond alors que faux-bourdons. Si vous n'avez pas besoin des mouches,
laissez–les faire le plus de miel et de cire qu'elles
pourront, puis employez le soufre pour vous
en défaire.

37. **D.** *Quel est le cas où l'on doit aider les
abeilles à tuer les mâles, et le cas contraire ?*

R. Lorsque vous voyez une ruche attaquer
ses mâles, vous pouvez l'aider. Vous prenez une
petite planchette de 4 à 5 pouces en carré, qui
a un manche perpendiculaire ; vous levez votre
ruche entre 10 et 11 heures, avec les précautions préalables ; vous appuyez sur ces mâles, mais
pas trop fort, pour ne pas écraser les abeilles qui
se trouvent avec sur le plateau ; vous les balayez,
ils ne peuvent plus se relever.

Il ne faut pas tuer les mâles d'une ruche dont la

population est faible : les abeilles ont besoin de chaleur pour faire éclore le couvin ; les mâles en donnent ; là ils sont encore nécessaires.

Lorsqu'il y a beaucoup de mâles dans une ruche, vous pouvez couper la tête de ceux qui sont en nymphes dans leurs alvéoles. Lorsqu'ils sont tués les mouches les jettent dehors.

38. D. *Si deux propriétaires d'essaims ( de bonne ou de mauvaise foi ) prétendaient tous deux qu'un essaim est sorti de leur ruche, quel serait le moyen sûr de découvrir le vrai propriétaire ?*

R. Vers le coucher du soleil, détachez une bonne cuillerée de mouches, emportez la ruche au loin ; les abeilles que vous ôtez de l'essaim retourneront dans la ruche d'où elles sont sorties, ce qui fera connaître le vrai propriétaire.

39. D. *Avec quoi les abeilles font-elles la cire ?*

R. Il est parfaitement prouvé que les abeilles font la cire avec le miel. Enfermez un jeton dans une chambre sans meubles, donnez-lui du miel et de l'eau pour boire ; elles feront de la cire.

On a obtenu d'une livre de sucre réduit en sirop, 12 gros et 52 grains de cire. Cette expérience a été faite cinq fois. Une livre de cassonnade la plus grossière en a rendu 22 gros : cette expérience a été faite sept fois, et avec les mêmes mouches, enfermées pendant deux mois.

Ce que l'on avait pris long-temps pour de la cire brute, c'est le pollen que les abeilles rapportent aux pattes de derrière, c'est la poussière fécondante des fleurs qui sert, avec le miel, à faire une espèce de gelée, pour nourrir le couvin, et dont les abeilles mangent en hiver.

On a prétendu que lorsqu'elles elles en manquent dans cette saison, elles sont sujettes au flux. Donnez de l'air l'hiver à vos abeilles, et elles ne connaîtront plus le flux ; du moins les miennes ne l'ont plus.

40. D. *Quand doit-on prendre le miel, et comment, selon les différentes sortes de ruches?*

R. A mon avis, on ne doit prendre le miel qu'à la fin de septembre, et toujours modérément ; on voit alors ce qu'on peut prendre, et ce qu'on doit laisser.

J'ai déjà donné la manière de faire la coupe du miel dans les paniers ordinaires. Dans les ruches à la Bosc, comme elles s'ouvrent des deux côtés et au milieu, on y prend le miel facilement.

Pour prendre le miel dans les ruches Lombard, dites villageoises, on frappe sur le couvercle, s'il rend un son sourd, il est plein de miel. Pour lors, on ôte le soir le pourjet et les ligatures, et le lendemain, on frappe sur le corps de la ruche pour y attirer la reine, on enlève le couvercle, on le remplace par un autre, on chasse les mouches d'entre les rayons du couvercle qu'on a enlevé, et on coupe le miel. S'il est trop tard pour que les mouches puissent encore travailler dans le couvercle qu'on leur a donné, on le remplit de foin bien sec, et de bonne odeur ( je le prends dans les prairies élevées, où il y a du serpolet et de la pimprenelle). Pour cela, il faut qu'il y ait 12 à 15 livres de miel dans la ruche ; ou bien on n'en prend qu'une partie dans le derrière du chapeau.

Dans les ruches à magasin, on peut voir par-derrière combien on a de cadres remplis de miel, pour n'en enlever que proportionnellement. On ôte le bouchon qui couvre le couvercle, on y introduit la fumée, et avec un fil de fer, tenu à deux petits bois, on le passe entre les hausses et on coupe dans le même sens que les rayons. On a un aide pour remplacer de suite un dessus.

M. Féburier veut qu'on fasse la coupe après les essaims; il dit: « Si on attend à l'automne, la
» quantité de miel existante dans la ruche a dû ra-
» lentir l'ardeur des abeilles; elles ont beaucoup
» multiplié à raison de leur provision, et il leur
» en faut en proportion de leur nombre, pour
» passer l'hiver. »

Oui, cela est vrai; M. Féburier sait et dit lui-même que 20,000 mouches font quatre fois plus que 10,000.... C'est donc un grand bien, qu'il y ait beaucoup d'abeilles pour recommencer au printemps; les jetons en seront plus précoces. Certainement si une ruche est pleine de miel, on doit lui en prendre en quel temps que ce soit.

Dans les cantons et les années très-favorables, on peut prendre le miel trois à quatre fois dans les ruches ordinaires, parce que ces ruches se trouvent pleines plusieurs fois, même avec des rehausses.

Je dis que l'on doit couper en septembre pour les cantons et les années ordinaires: mais dans les ruches d'Alsace, ou plutôt d'Allemagne, dites à magasin, comme on les rehausse toujours jusqu'à la fin d'août, lorsque la dernière rehausse est à moitié remplie, on ne doit y prendre le miel qu'à la fin d'octobre, ou au commencement de novembre.

41. *D. Outre la récolte du miel, n'y en a-t-il pas une autre?*

C'est la récolte de la cire au printemps, que nous devons à M. Espaignet, curé de la cathédrale de Bordeaux, qui pendant la révolution, s'était retiré chez les bons habitans des Landes... De tout mal peut naître un bien !

Cette récolte, toujours sûre, ne fut connue à Paris qu'en 1822. « On fait cette récolte lors-
» qu'on voit les abeilles en grande activité,
» et revenir chargées de pollen. Elle doit avoir
» lieu deux mois ou deux mois et demi avant
» l'époque ordinaire de la sortie des essaims
» dans chaque contrée. La quantité de cire que
» l'on prend doit être proportionnée à la force
» des ruches : il y en a où l'on prend jusqu'à
» une livre ( ce ne peut être dans ce pays ),
» à d'autres, trois quarterons, une demi-livre;
» aux ruches faibles, on ne fait qu'ébaucher
» les rayons.

» Il a des ruches qui, pendant l'hiver, per-
» dent une partie de leur population : à ces
» ruches il faut prendre beaucoup de cire ( je
» préfère la réunion ) ; car si on leur en laisse
» trop, les abeilles ne peuvent ni la réchauffer,
» ni la défendre. Si on ne laisse que peu de
» cire à cette petite famille pour son logement,
» ses provisions, sa progéniture, elle les soignera,
» les défendra, et lorsqu'elle aura accru sa popu-
» lation, elle construira de nouveaux rayons. »

J'ai eu une ruche dans ce cas, en 1824; je

ne l'ai pas réunie pour en faire l'expérience; au mois de juillet tout le monde la prenait pour un très-bel essaim , la ruche était pleine de belle cire toute neuve; les autres ruches l'étaient depuis long-temps. J'avais ôté à cette ruche les trois quarts au plus de sa cire, et aux autres , près de moitié. Feu M. Lombard, avec lequel j'étais en correspondance , m'a fait part de cette découverte le 13 mars 1824, et j'ai opéré de suite.

Il dit qu'il faut un enfumoir et deux tranchans : « L'enfumoir a une base de 7 à 8 pou-
» ces , le dessus bombé est criblé de trous; et
» près du manche, il y a une ouverture pour y
» introduire le feu et les tranchans : ils peuvent
» être en terre cuite ou en tôle. (Je me suis
» servi d'une chaufferette ; j'ai coupé à chaud et
» à froid, en tenant les couteaux propres, par
» le moyen d'eau tiède. ) Le tranchant est
» fait avec un morceau de fer rond ou carré ,
» de trois ou quatre lignes de grosseur , long
» d'un pied , y compris la partie insérée dans
» un manche de bois de quatre pouces; à l'ex-
» trêmité du fer est une petite lame, comme de
» fer de lance , saillante à angle droit. (Je pré-
» férerais l'angle obtus , de 18 à 20 lignes de
» longueur et de 6 de largeur). Cette lame
» vient en diminuant vers la tige ; elle est
» coupante des deux côtés et au bout. (*Voyez les*
» *figures*). On a deux tranchans; lorsque l'un se
» refroidit on prend l'autre. Il ne faut pas les
» chauffer au point de faire fondre ou enflammer
» la cire ; mais assez pour trancher net. On
» met dans l'enfumoir de la bouze de vache

» séchée, réduite en morceaux ; on l'allume avec
» quelques charbons. Cette récolte est évaluée
» à 6, à 7,000 fr. dans un seul département.

» Comme c'est communément dans les rayons
» du devant que se trouvent les premiers cou-
» vains ; on doit commencer par ceux de der-
» rière et enlever tout ce qui sera vide : pour
» cela, on insinue la lame chaude du tranchant
» entre les rayons, et on la tourne de manière à
» les couper ; on avance du côté du devant, et
» l'on s'arrête dès qu'on aperçoit le couvain ;
» cela doit se faire avec célérité. Si, pendant
» l'opération, des abeilles remontent, on leur
» souffle de la fumée, qui les éloigne aussitôt... »

Dans la dernière lettre que j'ai reçue de M.
Lombard, il me recommande encore beaucoup
cette récolte. Il a donné six cours théoriques,
pratiques et gratuits à Paris ; il fit le dernier de
ses cours en 1823, et il avait alors plus de 80
ans. Honneur et respect à la mémoire d'un tel
citoyen !

« Si l'on fait attention à la prodigieuse quan-
» tité de cire que l'on consomme dans le royaume,
» aux fonds employés pour en faire venir de
» l'étranger, on sentira quels avantages on pour-
» rait retirer de cette récolte, si elle était faite dans
» toute la France ; récolte incomparable, puis-
» qu'elle ne manque jamais. Nous serions bien-
» tôt dans le cas d'en exporter. » Ce qui vaudrait
beaucoup mieux que d'en faire venir de l'é-
tranger.

En faisant la récolte de la cire, on peut voir
s'il y a du miel candi ; les mouches ne pouvant

le manger, il faut le couper, le faire fondre et le leur rendre; il y a mieux, j'ai vu les mouches s'en débarrasser et en détacher de très-gros morceaux. On voit souvent des ruches mourir de faim au printemps, ayant encore six ou huit livres de ce miel. On dit que les étés secs font candir le miel; je ne crois pas qu'il puisse prendre cette consistance dans l'année même où il a été fait.

42. D. *Comment doit-on préparer le miel et la cire?*

R. Si on recueille une certaine quantité de miel, il faut avoir des paniers d'osier à claire-voie; ils doivent être ronds, hauts, et plus étroits en bas qu'en haut, munis d'une forte anse, pour pouvoir les suspendre sur des terrines. Si l'on veut faire deux sortes de miel, on met le haut des rayons, et les plus beaux dans le même panier, et dans le sens contraire qu'ils occupent dans la ruche; cela facilite l'écoulement : on les coupe avec un grand couteau. Vous devez faire votre miel le plus tôt possible. Si c'est en été, vous vous établissez dans une chambre, au midi; mais que les fenêtres soient bien fermées et que le soleil puisse donner à travers les carreaux sur le panier. Si c'est à la fin de l'automne, il faut vous mettre près d'un poêle, et procurer au moins 25 degrés de chaleur à l'appartement. Vous joignez les rayons, desquels vous avez tiré un bon miel, à ce que vous avez de moins beau, et après l'avoir bien coupé et laissé écouler, vous mettez le reste au four après le pain, dans un panier fait exprès, qui puisse y entrer avec une terrine : on obtient encore du miel sur lequel il se trouve un peu de cire fondue ; vous l'enlevez, et vous employez ce miel pour les abeilles. Vous conservez votre miel dans des vaisseaux de terre vernissée, de fayence, ou de bois, placés dans un lieu sec et frais ; jamais où vous couchez. Vous le couvrez avec du papier. Ne mettez pas du miel frais sur du vieux, ce mélange le fait aigrir.

Pour la cire, versez de l'eau dans un chaudron d'airain, jusqu'au tiers de sa capacité ; lorsqu'elle est prête à bouillir, on y met peu à peu autant de cire qu'il en faut pour remplir le chaudron aux deux tiers ; on entretient un feu modéré, on remue avec une spatule ; lorsque toute la cire est fondue, on verse le tout dans un sac de toile forte, dont le fond est fait un peu en pointe, on le presse sur de l'eau froide, avec une broie à lin, si l'on n'a pas de presse. M. Lombard veut ici l'eau chaude; nous avons toujours employé la froide. La cire surnage, on en fait des pelotes ; puis on la fait refroidir, et cuire avec de l'eau, environ une bouteille pour deux livres de cire ; on l'écume. ( Cette écume que l'on jette sur un linge, sert à frotter les meubles que l'on est dans l'usage de cirer à la campagne ). On laisse refroidir la cire dans le chaudron où elle a cuit ; on couvre le chaudron, pour qu'elle ne se refroidisse pas trop vite, car elle se fendrait. Pour toutes ces opérations, si l'on a beaucoup de mouches, il faut faire la dépense d'un petit pressoir.

43. D. *Quels sont les soins que les abeilles exigent dans chaque saison ?*

R. J'ai toujours trouvé ridicule de donner mois par mois, la manière de traiter les abeilles. Car, tel mois d'avril ne vaut pas certain mois de février ; j'ai vu trois pouces de neige le jour de la saint Georges, 23 avril.

Je dirai cependant : Au printemps, faites des réunions ; faites la récolte de la cire. Ayez soin que vos mouches ne manquent pas de nourriture, car le couvain dépense beaucoup. Prenez garde au pillage.

L'été, s'il fait de grandes chaleur, ouvrez les ventilateurs. Si vous êtes chasseur, tuez des hirondelles, mais ne tirez pas si près du rucher.

En automne, faites votre récolte de miel, avec modération. Donnez à manger aux ruches qui n'ont pas assez. Les mauvaises années, faites des réunions. Si vous avez des jetons faibles, mettez les abeilles dans une ruche où il y aurait peu de population : on ne peut s'imaginer le bien que font les réunions ; deux mauvaises ruches resteront presque toujours deux mauvaises ruches ; par la réunion, on en obtient quelquefois trois : j'en ai la preuve. Et quand on n'obtiendrait qu'une bonne ruche, elle vaudrait toujours beaucoup mieux, et rapporterait bien plus que deux ou trois mauvaises.

L'hiver, prenez garde aux souris, aux piverts ; la mésange est aussi insupportable. Pour la prendre, on tend des bascules, comme pour prendre les souris ; on y met, pour appât, la moitié du dedans d'une noix. Mettez de légers paillassons ou des planches devant votre rucher, contre la neige ; mais qu'il y ait toujours de l'air : *ouvrez quand il fait de beaux jours*. Prenez garde que la neige ne ferme vos ruches. Les vapeurs condensées, en se gelant, ferment l'entrée de la ruche, surtout si elle est petite ; il faut bien prendre garde à cela. Si toute la ruche ne périt pas, une grande partie des abeilles peut périr ; et au printemps, une abeille en vaut trois ou quatre plutôt qu'en été.

---

## APHORISMES.

I. Sitôt qu'un essaim est dans une ruche, il commence des rayons, et la reine d'un premier essaim y pond de suite, parce qu'elle est fécondée : les reines d'un $2^e$ ou $3^e$ ne pondent que 46 heures après avoir été fécondées.

II. La reine pond en tout temps, hormis par les grands froids.

III. Les abeilles peuvent supporter un froid extérieur de 20 degrés, témoin le 31 décembre 1788.

IV. Les abeilles, par le mouvement, conservent le degré de chaleur dont elles ont besoin.

V. On doit détruire les ruches qui ont conservé leurs faux-bourdons en octobre.

VI. Un petit essaim abandonne souvent une ruche trop grande.

VII. Si une ruche est bien proportionnée à son jeton, celui-ci y fera plus que dans une grande : là il bâtirait trop en cire.

VIII. Si vous donnez des rayons étrangers aux abeilles, elles les attacheront de suite.

IX. C'est dans la partie supérieure que les abeilles commencent à mettre le miel, puis derrière et sur les côtés.

X. Les abeilles portent toujours dans les alvéoles la nourriture que vous leur donnez.

XI. Elles travaillent à l'instant même qu'on vient de les couper, et reportent le miel qui coule dans les alvéoles. J'ai vu ce que j'avance, aux n<sup>os</sup> 10 et 11, dans une ruche à la Massac où j'ai un grand carreau de verre.

XII. Plus le pays est chaud, plus les ruches doivent être grandes.

XIII. Si les abeilles sont dans l'inaction, il faut leur ôter quelques rayons, ou augmenter la ruche.

XIV. Ceux qui tiennent leurs abeilles trop long-temps enfermées, les font périr, parce qu'elles ont besoin de se vider.

XV. Il périt plus d'abeilles, à la suite d'hivers doux que d'hivers froids.

XVI. Les abeilles ont des fourriers pour aller faire les logemens : ce qui fait qu'avec de vieilles ruches propres, on peut tendre aux abeilles dans les champs, dans les bois : on posera la ruche sur son plateau, sur un tas de pierres, sur un arbre, etc.

XVII. Les abeilles ont une garde à l'entrée de la ruche ; le soir, en été, elles font des patrouilles.

XVIII. « Il n'est pas à craindre que les fortes » ruches souffrent, dès qu'il y a une communi- » cation quelconque avec l'air extérieur. » *Féburier, à l'article* Clôture des Ruches pendant les grands froids.

XIX. Lorsqu'il n'y a pas de fleurs dans nos plaines, on doit, si on le peut, transporter les abeilles dans les bois, dans les montagnes. C'est ici que le plateau est préférable ; votre ruche est toute prête. On doit voyager de préférence la nuit ; on ferme la ruche avec une porte de fer-blanc à jour ; on met de petites cales sous la ruche, pour y donner de l'air : cependant de façon que les mouches ne puissent sortir.

J'ai l'expérience personnelle de ce que je déclare aux nos 1, 4, 6, 7, 8, 9, 10, 11, 13, 14, 16, 17, 18 et 19.

XX. Si le froid continuait cinq ou six semaines, c'est là le cas où les abeilles pourraient périr sans le ventilateur.

---

# EXTRAIT

*D'un grand ouvrage, le Dictionnaire économique, fait par* Noël Chomel, *prêtre et curé à Lyon, en* 1741.

« Le profit de la culture des abeilles a toujours
» paru si grand, que Solon en fit des lois pour
» Lacédémone.

» La taille (une sorte de contribution) les a
» fait périr en France, on les a exécutées, ven-
» dues et soufflées hors de saisons ; pour porter
» les ruches en sûreté, les sergens brûlent les
» mouches.

» Outre cela encore, la main de la bête ser-
» gentine fait périr tout ce qu'elle touche,
» comme la patte du loup, pendue seulement
» dans une étable, fait sécher la brebis.

» Pour rétablir donc l'ancienne abondance,
» il serait à souhaiter qu'il plût au Roi faire

» défenses d'exécuter les mouches pour la taille,
» ni aucune autre dette, etc. »

Le bon curé a gagné son procès, l'abeille est franche de toute dette. Peut-être aussi, que le gouvernement d'un des meilleurs rois que la France aura eu.... je me répète, mais on ne peut trop répéter une vérité; eh bien, pour ne pas me répéter, disons donc que le gouvernement du moderne Henri nous écoutera et permettra, encouragera même le placement des ruches dans les forêts royales et communales, véritable résidence de l'abeille.

Si l'huissier n'en tue plus, je crois avoir malheureusement trop bien prouvé que l'ignorance en tue beaucoup.... Mais, je sais qu'avec de la persévérance, quand on veut faire le bien, on en vient à bout.

---

## PURIFICATION DU MIEL,

### *Selon M.* Cadet-de-Vaux.

« On mêle quatre litres de miel, et deux
» d'eau, on les fait fondre à petit feu ; quand
» cela est fondu, on y ajoute un litre de char-
» bon sec, sonore, nouvellement fait et légère-
» ment écrasé, sans fumerons. On fait bouillir
» le tout ensemble sur un feu doux. On appuie
» de temps à autre, sur les charbons, avec le
» dos d'une écumoire ; il se formera un bouillon
» dans le milieu...., le charbon se retirera dans
» la circonférence. Lorsque le sirop commen-
» cera à prendre consistance, on enlèvera le

» charbon avec l'écumoire ; on retirera la li-
» queur de dessus le feu, on laissera reposer et
» on versera lentement le sirop qui surnage sur
» le dépôt; on le passera à travers une chausse
» de laine. On remettra le sirop sur le feu, pour
» finir de l'écumer et le cuire.

» Pour connaître quand le miel est cuit à
» consistance de sirop, il faut en faire tomber
» un peu dans un gobelet d'eau froide ; il sera
» cuit quand il se précipitera au fond du go-
» belet, en forme de globules; ce sirop peut
» remplacer le sucre en beaucoup de circons-
» tances. »

*Autre procédé, selon M.* Thénard.

« Prenez: miel, six livres ; eau, une livre
» douze onces ; craie réduite en poudre, quatre
» onces ; charbon pulvérisé, lavé et desséché,
» cinq onces ; trois blancs d'œufs battus dans
» trois onces d'eau. On met le miel, l'eau et la
» craie dans une bassine de cuivre, dont la ca-
» pacité surpasse d'un tiers le volume du mé-
» lange ; on le fait bouillir pendant deux ou trois
» minutes ; après quoi on ajoute les blancs
» d'œufs, on les mêle avec le même soin que le
» charbon, et l'on continue de faire encore
» bouillir pendant deux ou trois minutes ; alors
» on retire la bassine de dessus le feu ; on laisse
» refroidir la liqueur pendant un quart d'heure,
» et on la passe comme l'autre, en ayant soin
» de remettre sur l'étamine, ou dans la chausse,
» les premières portions qui filtrent, par la rai-

6

» son qu'elles entraînent toujours avec elles un
» peu de charbon. Cette liqueur, filtrée, est le
» sirop convenablement cuit. » (1)

---

## RATAFIA DE NOYAUX

### *De M.* LOMBARD.

« Dans le temps des abricots, mettez dans un
» bocal quatre bouteilles d'eau-de-vie ; à mesure
» que vous aurez des noyaux d'abricots, con-
» cassez-les, sans les écraser ; mettez l'amande
» et le bois dans l'eau-de-vie.
» Il faut cent noyaux par bouteille. Laissez
» infuser ces noyaux pendant trois mois ; sé-
» parez alors l'eau-de-vie d'avec les noyaux,
» mettez ensuite quatre livres de sirop de miel
» dans l'eau-de-vie, et passez au papier gris :
» vous aurez un ratafia limpide et excellent. » (2)

## HYDROMEL

### *De M.* LOMBARD.

« J'ai fait, dit-il, de l'hydromel très-bon,
» comme je vais le dire. J'ai mis trente livres
» de bon miel avec quatre-vingt-dix livres d'eau ;

---

(1) Une cuillerée de ce sirop, ou de miel, délayée dans un verre d'eau tiède, est un remède que l'on administre avec succès aux enfans, surtout dans les constipations.

(2) Je trouve la dose du sirop un peu forte.

» j'ai fait bouillir ce mélange dans un grand
» chaudron, et quand la liqueur a été réduite à
» environ moitié, j'ai mis les deux tiers dans un
» baril neuf, avec un gobelet d'eau-de-vie, et
» l'autre tiers dans des bouteilles que j'ai bouchées
» avec du linge clair. Pour exciter la fermentation,
» il faut que la liqueur soit exposée à la chaleur.
» On la met dans une étuve, ou au coin d'une
» cheminée, où il y a habituellement du feu,
» ou derrière un four continuellement chaud ; on
» y joint les bouteilles ; 7 à 8 jours après, la
» liqueur jette une écume épaisse e sale, qui
» laisse un vide qu'on remplace avec la liqueur
» des bouteilles qui jettent également ; la fer-
» mentation dure environ deux mois. Enfin la
» fermentation ayant cessé, on met le baril à
» la cave avec l'attention de le tenir plein. Après
» deux à trois ans, on met l'hydromel en bou-
» teilles, que l'on bouche bien, les laissant de-
» bout pendant un mois, afin de voir si les
» bouchons ne sautent pas ; on les couche ensuite.
» Le goût de cette liqueur approche de
» celui du vin d'Espagne. Elle est cordiale,
» dissipe les vents, aide à la respiration, ré-
» siste au venin, mais il faut en boire avec mo-
» dération : faisons du ratafia et de l'hydromel,
» non pas pour les boire seuls, mais pour parta-
» ger avec le pauvre, le malheureux, et le ma-
» lade. »

# EXTRAIT

*de la Loi du 28 septembre 1791.*

« Le propriétaire d'un essaim a droit de le
» réclamer et de s'en saisir tant qu'il n'a pas
» cessé de le suivre; autrement l'essaim appartient
» au propriétaire du terrain sur lequel il est fixé.

» Les ruches d'abeilles ne peuvent être saisies
» ni vendues pour contributions publiques ni
» pour aucune cause de dettes, si ce n'est par
» celui qui les a vendues ou celui qui les a con-
» cédées à titre de cheptel ou autrement.

» Pour aucunes causes, il n'est permis de trou-
» bler les abeilles dans leurs courses et travaux ;
» en conséquence, en cas même de saisie légitime,
» les ruches ne peuvent être déplacées que dans
» les mois de décembre, janvier et février. »

Art. 54 du Code civil. « Sont immeubles par
» destination, quand elles ont été placées par les
» propriétaires pour le service et l'exploitation du
» fonds.... les ruches à miel. »

Je crois que le nouveau Code rural pourrait
dire et ajouter :

Si un essaim se jette sur le rucher d'autrui,
dans une ruche garnie d'abeilles, il appartient à
celui dont la ruche était déjà peuplée.

S'il se jette dans une ruche vide, le propriétaire, s'il l'a suivi, le prendra, après avoir préalablement payé la ruche, ou il le traversera de
suite dans une ruche à lui.

Si deux essaims primes de deux propriétaires, se
réunissent et n'en font plus qu'un, il appartiendra

à celui des deux qui en donnera le plus ; il en sera de même de deux essaims secondaires.

Si un essaim secondaire rencontre un essaim prime, et qu'il s'y réunisse , il appartient au propriétaire de l'essaim prime. (Ces cas sont connus. )

Ici il faut beaucoup de bonne foi des deux côtés... La réponse à la dixième question enseigne pourquoi cela doit être ainsi... Car la vieille reine qui part fécondée ne court aucun risque.

Si une ruche en pille un autre, le propriétaire de celle qui pille doit, à la première sommation, l'emporter à une demi-lieue , s'il n'aime mieux l'asphyxier. Cette sommation doit être faite en présence de deux témoins, qui auront vu le pillage, ou par le maire du lieu. S'il n'en fait rien, il doit payer la pillée ou les pillées, au maximum du prix du pays.

Je connais un village dont les habitans ont fait piller leurs abeilles mutuellement : il n'en est resté qu'une seule ruche qui a triomphé du dernier rucher, où il y en avait quatre.

Ils ont vu par expérience que *le bien d'autrui ne prospère jamais!....*

---

## EXPLICATION DES PLANCHES.

### N° 1. *Ruche à la* Bosc.

**A.** Petites chevilles de bois qui servent à maintenir le côté mobile.

**B.** Boutons qui servent à manier la ruche.

**C.** Bout de la traverse qui sort extérieurement.

## N° 2. *Demi-Ruche à la* Bosc, *vue de côté, le côté mobile ôté.*

A. Cheville qui tient le côté mobile.

B. Bouton qui sert à unir les deux parties, et à soulever la ruche par-derrière.

C. Baguette qui sert à maintenir le devant et le derrière
de la ruche, et à soutenir le travail des abeilles.

## N° 3. *Ruche* Lombard.

A. Chapeau ou calotte.

B. Chevilles de fer qui soutiennent la planchette de séparation.

C. Bout de la traverse qui sort extérieurement.

## N° 4. *Haut d'une Ruche* Lombard, *vu de face.*

A. Plateau de séparation.

B. Petites chevilles de fer, qui tiennent le plateau.

C. Forte baguette.

## N° 5. *Ruche d'*Alsace *à quatre magasins.*

A. Entailles qui réunissent le dessus de la ruche aux
rebords saillans.

B. Rebords saillans qui servent à enlever la ruche et à
maintenir le couvercle.

C. Guichets dont les deux du bas sont ouverts.

## N° 6. *Cadre d'une ruche d'*Alsace, *vu isolément.*

A. Petite fenêtre.

B. Emplacement des deux traverses supérieures taillées
en biseau.

C. Traverse ronde placée au bas à 6 ou 8 lignes du fond.

## N° 7. *Ruche en paille d'une bonne forme.*

Treize pouces de large en bas sur douze de hauteur.

## N° 8. *Couteaux.*

A et B. Pour la coupe du miel.

C. Pour couper la cire au printemps.

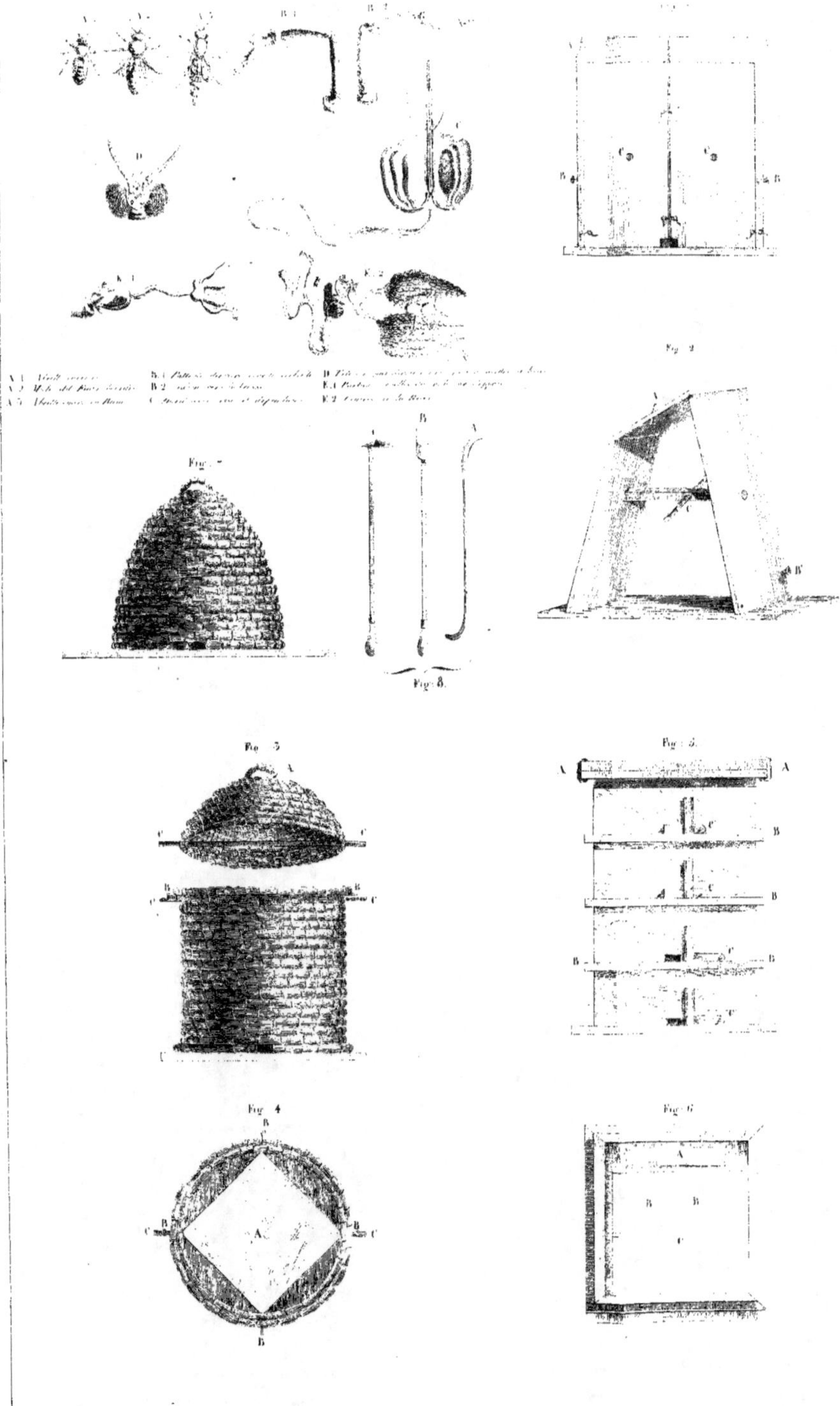

# TABLE ALPHABÉTIQUE
## DES MATIÈRES.

*N. B.* Les chiffres seuls renvoient aux questions.

FIN DE LA TABLE.

# EXTRAIT

*Du rapport fait à la Société centrale d'A-*
*griculture de Nancy, par M. MANDEL, sur le*
*Questionneur, opuscule sur les abeilles.*

..... J'ai examiné attentivement cet opuscule
et je l'ai comparé moins à mes expériences per-
sonnelles en ce genre, qu'à divers ouvrages sur
cette matière. Le résultat de cet examen m'a
prouvé que l'auteur a, avec raison, fait valoir
les connaissances pratiques fondées sur des faits
constans, sur lesquels il a présenté des idées
d'amélioration après d'heureux essais....

Ainsi l'opinion que la Société centrale d'A-
griculture peut concevoir de ce traité, est que
sa publication fortifiera la confiance des propriétaires d'abeilles dans l'emploi de certains moyens
révélés pour concourir à perfectionner cette branche, plus importante qu'on ne pense, de l'é-
conomie rurale, surtout dans nos contrées boisées.

Fait en séance, le 5 mars 1825.

MANDEL, rapporteur.

*Certifiée conforme au rapport, approuvé*
*par la Société centrale d'Agriculture de Nancy.*

Le Secrétaire-Archiviste-Trésorier

SOYER-WILLEMET.